太阳石系列科普丛书

SUNSTONE POPULAR SCIENCE SERIES

太阳石铸青山
SUNSTONE CASTING GREEN MOUNTAINS

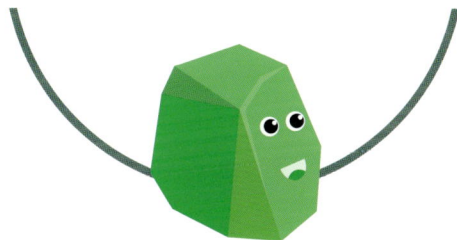

王国法　吴群英　张　宏　**主编**

科学出版社　中国科学技术出版社

·北 京·

图书在版编目（CIP）数据

太阳石铸青山 / 王国法，吴群英，张宏主编 . —北京：科学出版社：中国科学技术出版社，2023.10
（太阳石系列科普丛书）
ISBN 978-7-03-076580-2

Ⅰ.①太… Ⅱ.①王… ②吴… ③张… Ⅲ.①煤矿开采—普及读物 Ⅳ.① TD82-49

中国国家版本馆 CIP 数据核字（2023）第 182693 号

责任编辑	李 雪 李亚佩
封面设计	锋尚设计
责任校对	王萌萌
责任印制	师艳茹

出	版	科学出版社　中国科学技术出版社
发	行	科学出版社发行
地	址	北京东黄城根北街 16 号
邮	编	100717
发行电话		010-64031535
网	址	http://www.sciencep.com

开	本	710mm×1000mm　1/16
字	数	282 千字
印	张	14
版	次	2023 年 10 月第 1 版
印	次	2023 年 10 月第 1 次印刷
印	刷	北京中科印刷有限公司
书	号	ISBN 978-7-03-076580-2/TD · 404
定	价	98.00 元

太阳石系列科普丛书
编委会

主　　编： 王国法　吴群英　张　宏

编　　委：（以姓氏笔画为序）

丁　华　马　英　王　佟　王　蕾　王丹丹　王苏健

王忠鑫　王保强　王海军　亓玉浩　石　超　白向飞

巩师鑫　毕永华　任怀伟　刘　贵　刘　虹　刘　峰

刘俊峰　许永祥　孙春升　杜毅博　李　爽　李世军

杨清清　张玉军　张金虎　陈佩佩　苗彦平　呼少平

岳燕京　周　杰　庞义辉　孟令宇　赵路正　贺　超

黄　伟　龚　青　常波峰　韩科明　富佳兴　雷　声

《太阳石铸青山》编委会

主　　编： 王国法　吴群英　张　宏

执行主编： 张玉军　龚　青　孟令宇

编 著 者：（以姓氏笔画为序）

于秋鸽　王　磊　邓伟男　白国良　刘　贵　孙万明

李友伟　李嘉伟　肖　杰　张风达　张玉军　张志巍

范淑敏　周　源　孟令宇　高　超　郭孝理　韩　震

韩科明　程艳芳

插　　图： 龚　青　付元奎　韩　煜

太阳石系列科普丛书简介

太阳石系列科普丛书由中国工程院院士王国法等主编，近百位科学家参与编写，由中国科学技术出版社与科学出版社联合出版。一期出版四册，分别是：《发现太阳石》《开采太阳石》《百变太阳石》和《太阳石铸青山》。

穿透时空，穿透大地，太阳把能量传给森林植物，历经亿万年地下修炼，终成晶石——"太阳石"。太阳石系列科普丛书探秘太阳石的奥秘，剥开污涅，呈现煤的真身。

太阳石系列科普丛书从地质学、采矿学、煤化学、生态学、机电工程、信息工程、安全工程和管理科学等多学科融合视角，系统介绍煤炭勘探与开发、清洁利用和转化、矿区生态保护与修复的科学知识，真实呈现现代煤炭工业的新面貌，剥开污名化煤炭的种种错误认知，帮助读者正确认识煤炭和煤炭行业。

太阳石系列科普丛书适合青少年和各类读者阅读，也适合矿业从业人员的业务素养提升学习。

开篇序言

煤炭是地球赋予人类的宝贵财富，在地球漫长的运动和变化过程中，太阳穿透时空，穿透大地，把能量传给森林植物，大量植物在泥炭沼泽中持续地生长和死亡，其残骸不断堆积，经过长期而复杂的生物化学作用并逐渐演化，终成晶石——"太阳石"，一种可以燃烧的"乌金"。

人类很早就发现并使用煤炭生火取暖。18世纪末，西方开始使用蒸汽机，煤炭被广泛应用于炼钢等工业领域，成为工业的"粮食"。从19世纪60年代末开始，煤炭和煤电的利用在西方快速发展，推动了第二次工业革命，催生了现代产业和社会形态。第二次工业革命促进了生产关系和生产力的快速发展，人类进入"电气时代"，煤炭与石油成为世界的动力之源。从 20世纪40年代起，核能、电子计算机、空间技术和生物工程等新技术的发明和应用，推动第三次工业革命不断向纵深发展，技术创新日新月异，煤炭从传统燃料向清洁能源和高端化工原材料转变，成为能源安全的"稳定器"和"压舱石"。在已经到来的第四次工业革命中，煤炭的智能、绿色开发和清洁、低碳、高效利用成为主旋律，随着煤炭绿色、智能开发和清洁、低碳、高效转化利用技术的不断创新，将使我国煤炭在下个百年中继续成为最有竞争力的绿色清洁能源和原材料之一。

能源和粮食一样，是国家安全的基石。我国的能源资源赋存特点是"富煤、贫油、少气"，煤炭资源总量占一次能源资源总量的九成以上，煤炭赋予了我们温暖，也赋予了社会繁荣发展不可或缺的动力和材料。我国有14亿人口，煤炭、石油和天然气的人均占有量仅为世界平均水平的67%、5.4%和7.5%。开发利用好煤炭是保持我国经济社会可持续高质量发展的必要条件。

煤炭深埋地下，需要地质工作者和采煤工作者等共同努力才能获得。首先需要经过地质勘探找到煤炭，弄清煤层的分布规律和赋存条件，这就是煤炭地质学家的工作。煤炭开发首先要确定开拓方式，埋深较浅的煤层可以采用露天开采，建设露天煤矿；埋深较深的煤层可以采用井工地下开采，建设竖井或斜井，到达地下煤层后再打通巷道通达采区各作业点，这就是建井工程师的工作。接下来，采矿工程师和装备工程师需要完成井下巨系统的设计和运行，把煤炭从地下采出并运送到地面煤仓和选煤厂，经过分选的煤炭最终才能被运送给用户。

煤炭就是"太阳石"，是一种既能发光发热又能百变金身的"乌金"。它不仅可以用于超超临界燃煤发电和整体煤气化联合循环发电，实现近零碳排放，还可以高效转化为油气和石墨烯等一系列高端煤基材料，亦可作为航天器燃料和多种高科技产品的原材料。煤炭副产品还可以循环利用，促进自然生态绿色发展。

过去的煤矿和所有矿山一样，在给予人类不可或缺的物质财富的同时，会造成生态环境的损害，如采空区、塌陷区、煤矸堆积区等产生的环境负效应。然而，现代绿色智慧矿山开发注重与生态环境协调发展，在采矿的同时进行生态保护和修复。矿业开发投入了大量资金，也产出了巨额财富，促进了资源地区的社会经济发展，大幅度增加了生态治理的投入能力，内蒙古鄂尔多斯—陕北榆林煤田开发30多年来生态环境明显向好，把昔日的毛乌素沙漠变成了鸟语花香的绿洲，这是煤炭开发促进地区绿色发展的最有力证明。

今日的现代化煤矿已不是昔日的煤矿，今日的煤炭利用也不仅是昔日的烧火做饭。当今的智能化煤矿，把新一代信息技术与采矿技术深度融合，建设起完整的智能化系统，并且把人的智慧与系统智能融为一体，实现了生产力的巨大进步，安全生产得到了根本保障。当前，我国智能化煤矿建设正在全面推进，矿山面貌焕然一新，逐步实现煤矿全时空、多源信息实时感知，安全风险双重预防闭环管控；全流程人—机—环—管数字互联高效协同运行，生产现场全自动化作业。煤矿职工职业安全和健康得到根本保障，煤炭企业价值和高质量发展有了核心技术支持。

长期以来社会对煤矿和煤炭的认知存在很多误区，煤矿和煤炭被污名化。本套太阳石系列科普丛书，包括《发现太阳石》《开采太阳石》《百变太阳石》《太阳石铸青山》四册，从地质学、采矿学、煤化学、生态学、机电工程、信息工程、安全工程和管理科学等多学科融合视角，系统介绍煤炭勘探与开发、清洁利用和转化、矿区生态保护与修复的科学知识，力求全维度展示现代煤矿和煤炭利用的真面貌，真实讲述煤炭智能、绿色开发利用的科学知识和价值，真实呈现现代煤炭工业的新面貌，正本清源，剥开污名化煤炭的种种错误认知，帮助读者正确认识煤炭和煤炭行业。

2022年8月

目录

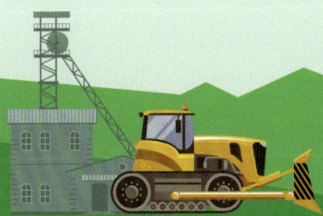

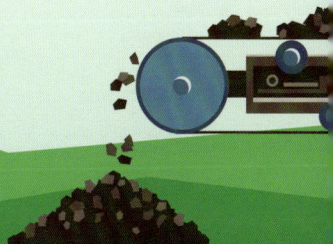

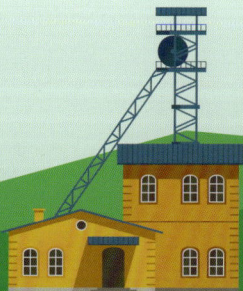

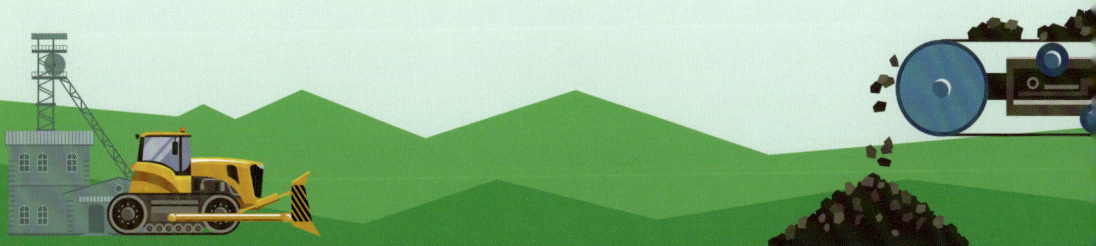

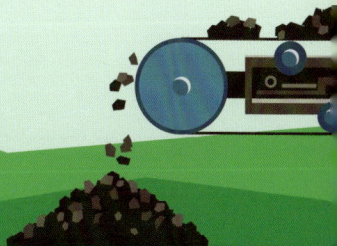

第一章

人类从原始走向现代文明

知识小贴士

地球上的矿物是如何形成的？地壳中的化学元素并不是孤立的和静止不动的，它们在特定的物理、化学条件下会形成具有特定化学成分和内部结晶结构的均匀固体。这种天然形成的物质，就是矿物。矿物形成的途径主要有三条：一是通过岩浆作用而形成矿物，这是矿物产生的最主要途径；二是通过空气、水、阳光及生物等外力作用而形成的矿物；三是矿物变质作用形成新矿物。据统计，目前地球上已经发现的矿物有两千多种，而在世界上被广泛使用的矿产资源也有八十多种。

矿产资源是指经过地质成矿作用，使埋藏于地下或出露于地表，并具有开发利用价值的矿物或有用元素的含量达到具有工业利用价值的集合体。矿产资源一般分为金属矿产、非金属矿产、能源矿产等，有固体、液体、气体三种形态。我国是矿产资源大国，矿产资源丰富，到 2020 年，全国已发现矿产资源 173 种，已查明资源储量的矿产资源就有 162 种，其中能源矿产 13 种、金属矿产 59 种、非金属矿产 95 种、水气矿产 6 种，已探明的矿产资源总量约占世界的 12%，仅次于美国和俄罗斯，居世界第三位。

截至 2021 年底，我国煤炭、石油、天然气剩余探明技术可采储量已达 2078.85 亿吨、36.89 亿吨、63392.67 亿立方米。2021 年全国新发现矿产地 95 处，其中大型 38 处、中型 34 处。

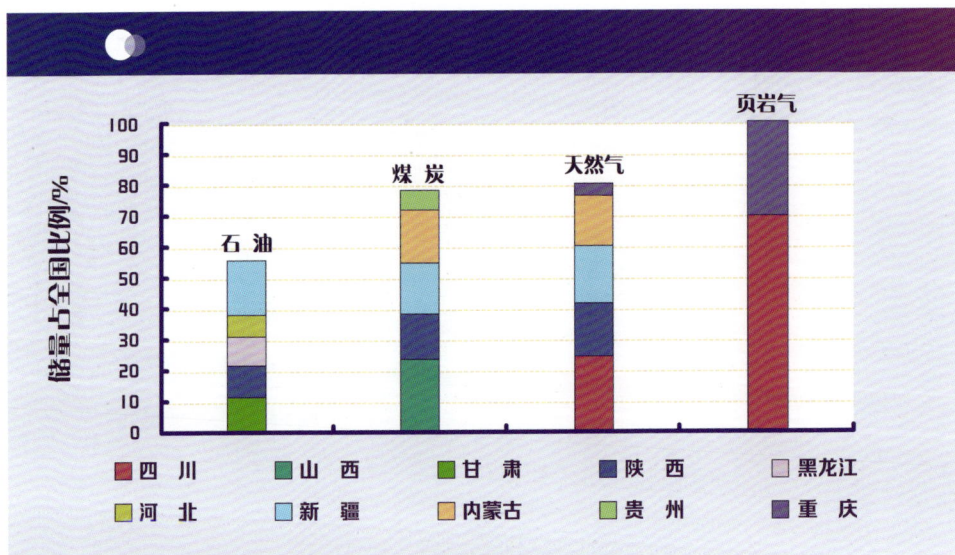

2021 年中国主要能源矿产储量（自然资源部发布的《中国矿产资源报告 2022》）

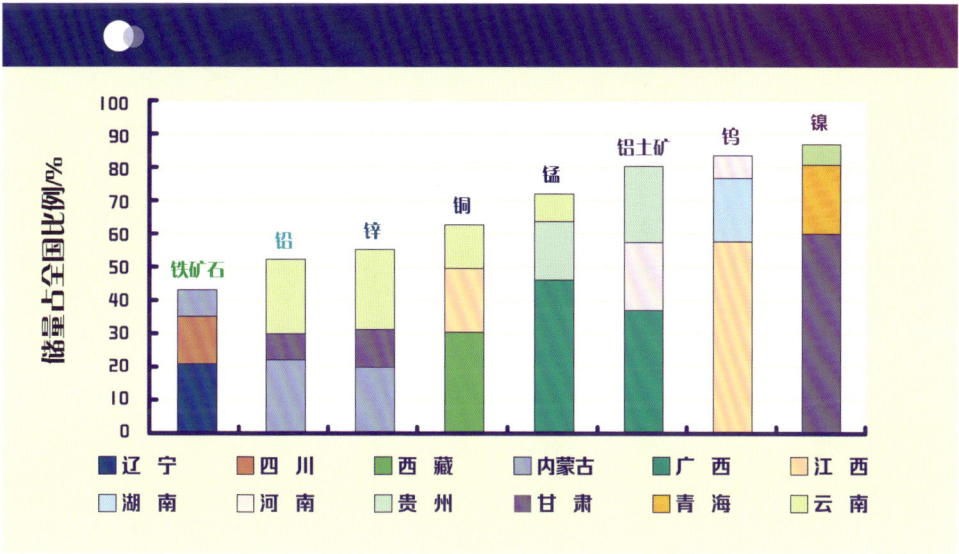

2021 年中国主要金属矿产储量（自然资源部发布的《中国矿产资源报告 2022》）

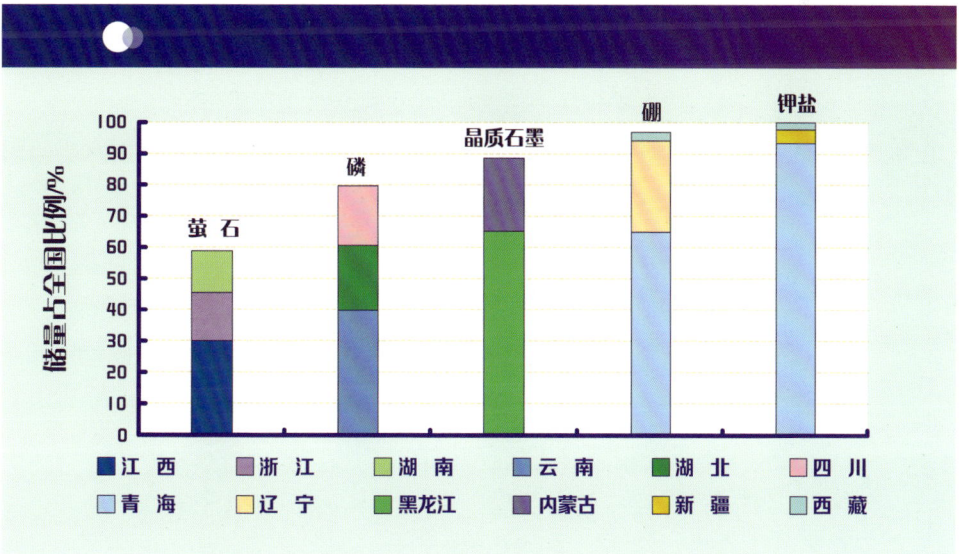

2021 年中国主要非金属矿产储量（自然资源部发布的《中国矿产资源报告 2022》）

矿物样品

　　我国能源禀赋的基本特点是"富煤、贫油、少气"。2021年煤炭资源储量为2078.85亿吨，占全球总储量的13.3%，继美国、俄罗斯、澳大利亚，居世界第四位。按照我国五大赋煤区划分，主要分布在东北赋煤区、华北赋煤区、华南赋煤区、西北赋煤区和西南赋煤区。国务院在2014年发布的《能源发展战略行动计划（2014—2020年）》中明确了重点建设晋北、晋中、晋东、神东、陕北、黄陇、宁东、鲁西、两淮、云贵、冀中、河南、内蒙古东部、新疆14个亿吨级大型煤炭基地。

　　我国也是全球煤炭产量最高的国家，2021年煤炭产量达到41.6亿吨。其中大型煤炭基地产量占全国煤炭产量的96%以上，晋陕蒙煤炭产量占全国的71.5%。黄河流域横跨我国东、中、西三大区域，是我国重要的生态屏障和重要的经济地带，同时也是我国重要的煤炭资源富集区、原煤生产加工区和煤炭产品转换区，40%以上的流域面积蕴藏着煤炭资源，被誉为"能源流域"。黄河流域能源基地集中，有12个探明储量超过100亿吨的大煤田，包括宁东、陕北、神东、晋北、晋中、晋东、黄陇、河南和鲁西九大国家大型煤炭基地；查明煤炭资源储量约占全国的45%，原煤产量约占全国的70%。黄河流域煤炭资源开发在相当长的时期内，既保障了国家能源安全，又促进了山西、内蒙古、陕西、宁夏等重点产煤省区的经济社会发展。

红柳林煤矿全景

黄河流域盘龙湾

位于黄河流域的陕北基地——绿色生态红柳林煤矿

矿产资源——
人类社会发展的命脉

　　地球资源指的是地球能提供给人类衣、食、住、行所需要的物质原料。其中，能源和矿产资源大多赋存于地球深部。矿产资源是地球赋予人类最重要的自然资源之一，92%的一次能源、70%的农业生产资料、80%以上的工业原材料都取自矿物原料。矿产在很大程度上决定着社会生产力的发展水平和社会变迁。目前，地球上探明的石油可采储量为1万亿桶①，可供人们使用45～50年；天然气120万亿立方米，可供人们使用50～60年；煤炭1万亿吨，可供人们使用200～220年。全球已探明的主要金属与非金属矿产资源储量为1450亿吨，其中，铝可保证供应约222年、铜33年、铅18年、汞43年、镍51年、锌20年、铁矿石161年。

————————————

① 1桶≈159升。

矿产资源开发使人类从原始走向现代文明

丹麦著名考古学家汤姆森（Thomsen，1788—1865年）根据生产工具的材质变化将人类文明的进程划分为石器时代、青铜时代和铁器时代。这一划分方法已经被大众普遍接受，并沿用至今。为什么人类时代的划分用矿物命名？矿物在不断被人类发现过程中，又是怎样影响人类文明的进程？早在原始社会，史前人类就开始探索矿物，并将其广泛运用到生产和生活中。石器时代、青铜时代、铁器时代，正反映了人们对矿物的认识不断深入，矿物与人们的生活生产紧密相连。

从石器时代到青铜器时代、铁器时代，以至现代的原子和电子时代，从木柴的燃烧到煤、石油、核能的利用，人类社会生产力的每一次巨大提高，都伴随着一次矿产资源利用水平的巨大飞跃。从中华人民共和国成立之初的百废待兴，到建立比

煤炭时代

石油时代

较完备的工业体系，再到支撑经济几十年的快速发展，矿业开发为我国经济建设、社会发展和人民生活水平提高做出了重要贡献。

煤炭时代开始于 17 世纪中叶，随着蒸汽机的发明，低热值的木材已经满足不了巨大的能源需求，高热值、分布广的煤炭成为全球第一大能源。19 世纪以来，世界由"蒸汽时代"跨入"电气时代"，煤炭被转换成更加便于输送和利用的二次能源——电能。煤炭为近代世界大变革提供了源源动力。

1859 年，美国塞尼卡石油公司在宾夕法尼亚州钻出一口油井，虽然很久之前很多地方钻过油井，但宾夕法尼亚州的这口井是第一口工业油井，拉开了石油时代的序幕。1960 年，石油正式取代煤成为第一能源。

矿产资源开发助力矿业城市的兴起

矿业在我国国民经济中占有重要地位，目前矿业经济贡献占全国国内生产总值的比重超过了30%，2017年全国采矿业从业人员年平均人数为527.94万人，占全国从业人员年平均人数的5.9%。改革开放四十多年来，尤其在西部地区，许多省份的地区生产总值的80%以上均由矿业工程活动所贡献。全国建成国有矿山企业1万多个，小型矿山企业24万多个，矿业从业人员2000多万人，并有大庆、包头、攀枝花、金川等300多座以矿业开发为基础而兴起的城市，矿产资源的开发利用已成为我国社会经济发展的重要支柱。

例如，鄂尔多斯依托各种矿产资源发展成为我国人均生活水平和收入最高的城市之一。改革开放四十多年来，鄂尔多斯

鄂尔多斯城区夜景

已从一个贫穷落后的高原小城发展成为功能齐全、经济繁荣、环境优美、活力迸发的现代名城。鄂尔多斯城镇化率由中华人民共和国成立初期的 0.12% 提高到 74.5%，由贫穷落后的小城镇变成了宜居宜业的现代名城；农牧民生产生活条件发生根本性变化；生态环境实现了从严重恶化到整体得到遏制、大为改善的历史性转变。这些埋藏在地下已经亿万年的黑色矿产，直接推动了鄂尔多斯的发展奇迹——地区生产总值从 2005 年的 550 亿元增长到 2021 年的 4700 亿元；而财政收入从 2005 年的 93 亿元增长到 2021 年的 552 亿元。

我国煤炭资源开发历史悠久

我国是开发利用矿产资源历史悠久的国家之一，中华民族的生存发展与中华文明的传承延续和矿业发展息息相关。

以煤炭为例，我国是世界上最早认识和使用煤的国家，早在汉字被创造和发明之前，煤炭就被我国老百姓发现和利用了。在古代，人们将煤称为石涅、石炭、石墨、乌金石、黑丹等。根据考古发现，我国煤的发现可以上溯至新石器时代晚期，1973 年在辽宁沈阳新乐新石器时代遗址中，出土了煤玉雕成的装饰品 46 件，还有碎煤精和煤块，但遗址中没有发现明显的用煤做燃料的痕迹，其遗址经碳 14 测定年代，是新石器时代遗物，来源于抚顺西部煤田。

成书于公元前 5 世纪的《山海经·五藏山经》，是我国已有关于煤的最早记载，当时称煤为石涅或涅石。而在西方关于煤的最早文字记载始于公元 315 年，比我国晚了八百多年。

中国历史上最早关于采煤的直接记载，是《史记》中关于汉文帝的内弟曾"入山作炭"。1637 年，明末宋应星编写的《天工开物》一书，在世界上首次系统记载了我国古代煤炭开采技术，包括地质、开拓、采煤、支护、通风、提升以及瓦斯排放等技术，说明当时的采煤业已发展到一定的规模。

《天工开物》记载的中国煤炭开采技术

　　近代煤炭开采要追溯到清朝晚期洋务运动时期。1876 年，主持福州船政局的船政大臣沈葆桢，在台湾基隆创办了中国第一个用机器开采的新式煤矿。1877 年开始出煤，至 1881 年产煤量最高峰达 54000 吨。最多时采矿工人有几千人，盛况空前。

　　阜新海州露天煤矿是中华人民共和国成立后第一座大型现代化露天煤矿。该煤矿发掘于清光绪二十三年，曾是世界闻名、亚洲最大的大型露天煤矿，是中华人民共和国成立初期 156 个重点项目之一。

　　20 世纪 80 年代能源开发向西部转移，大柳塔煤矿是原神华集团有限责任公司（现国家能源投资集团有限责任公司，以下简称国家能源集团）第一个按照"高起点、高技术、高质量、高效率、高效益"方针建成的特大型现代化高产高效煤矿，先后多次创造国内外行业新纪录和世界第一。

阜新海州露天煤矿

如今的大柳塔煤矿

煤炭被人们誉为『万能的原料、黑色的金子、工业的粮食』

煤炭的最大用途是作为燃料，用于发电，"煤氏三兄弟"中变质程度最深的是无烟煤，它的发热量也最高。烟煤虽说变质程度比无烟煤差、发热量中等，但它却是"煤氏三兄弟"中最有出息的一个，因为它不仅可以用来炼焦冶炼钢铁，还可以被气化、液化，应用于生产和生活的许多方面；褐煤变质程度最差，发热量也最低，但它却是很好的化工原料。

我们把煤放到炼焦炉里，隔绝空气，加热到 1000 摄氏度左右时，就可以得到焦炭、煤焦油和焦炉气等产品。其中，焦炭是冶金工业的"粮食"，而且还可以用来生产煤气、电极、合成氨、电石等。电石除用于照明、切割和焊接金属外，还是生产塑料、合成纤维、合成橡胶等重要化工产品的原料。焦炉气是很好的气体燃料，也是重要的化工原料。煤焦油成分极为复杂，多达 500 种以上，用它可以制造出千百种用途各异、色彩缤纷的化工产品，如染料、香料、合成橡胶、塑料、合成纤维、农药、化肥、炸药、洗涤剂、除草剂、溶剂、沥青、油漆、糖精、卫生球等，煤焦油成为有机化学工业珍贵的"原料仓库"。

不同类型植物形成不同类型的煤

燃煤过程中产生的硫氧化物可以生产出优质硫酸；煤灰和煤渣可以用来制造水泥等建筑材料。在煤灰里甚至还可以提取出大量被誉为"半导体工业的粮食"的金属——锗和镓。

煤炭作为燃料的历史，可追溯至穴居人的时代。随着科技的发展，煤炭在工业革命中满足了人们对于高效能源的需求，逐渐成为能源的主体。18世纪，煤炭作为能源供给的主角推动了第一次工业革命，随着燃煤发电的大规模兴起，作为全球电力的重要来源，煤炭在人类现代物质文明的历史进程中始终扮演着非常重要的角色。

中华人民共和国成立后，党中央带领全国人民在一穷二白的情况下寻求发展方向，工业是重中之重，其核心就是加快实现工业化。实现工业化，煤炭不可或缺。从"一五"开始，煤炭行业迅速在全国恢复并开发出抚顺、大同等煤炭基地，使我

煤的用途

国的煤炭产量由 1949 年的 3000 万吨提高到了上亿吨、几亿吨，支撑了我国电力、钢铁等重要工业的起步和发展。

20 世纪 60 年代誓夺煤炭高产

1978 年，改革开放进程正式开启。在"以经济建设为中心"的主线下，我国的工业发展就像一列火车开始全速前进。但是，能源电力供不应求，让这列火车刚刚起步就面临速度放

西部大开发超级工程（青藏铁路）

缓的窘境。改革开放初期，煤炭资源比较丰富的山西、陕西、内蒙古等地区逐步成为国家重要的煤炭、煤电、煤化工基地，为 20 世纪 80～90 年代的经济发展提供了工业"血液"。

中华人民共和国成立之初，我国煤炭产量 0.32 亿吨，1978～2017 年我国煤炭产量由 6.2 亿吨增加到 35.2 亿吨，到 2021 年增至 40.71 亿吨，翻了 126 倍，1949 年以来累计生产原煤 960 亿吨以上。1985 年中国成为世界第一煤炭生产大国；2017 年中国煤炭产量占世界的比重达到 46%。2021 年底全球煤炭产量 81.73 亿吨，其中中国产量占比达到 51%、美国占比 5.24%、澳大利亚占比 4.79%、俄罗斯占比 4.34%、印度占比 8.11%、印度尼西亚占比 6.14%、蒙古国占比 0.32%。

2012～2021 年我国煤炭产量及增速（中国煤炭行业现状深度研究发展战略研究报告 2022～2029）

煤炭为我国的经济发展做出了巨大贡献。中华人民共和国成立时，全国发电装机总容量仅为 185 万千瓦，年发电量为 43 亿千瓦时，人均年用电量仅为 9 千瓦时。截至 2021 年底，电力装机容量猛增到 23.8 亿千瓦，其中火电装机容量 12.97 亿千瓦，占全国装机容量的 54.5%，同时火力发电量占全国总发电量的 70.8%。2021 年人均用电量达 5794 千瓦时，接近世界平均水平。2019 年按热值计，发电用煤市场价为汽油零售价的 14%、民用天然气的 42%、民用电的 15%，所以煤炭是我国价格相对低廉的能源。

全球原煤生产量国家排名

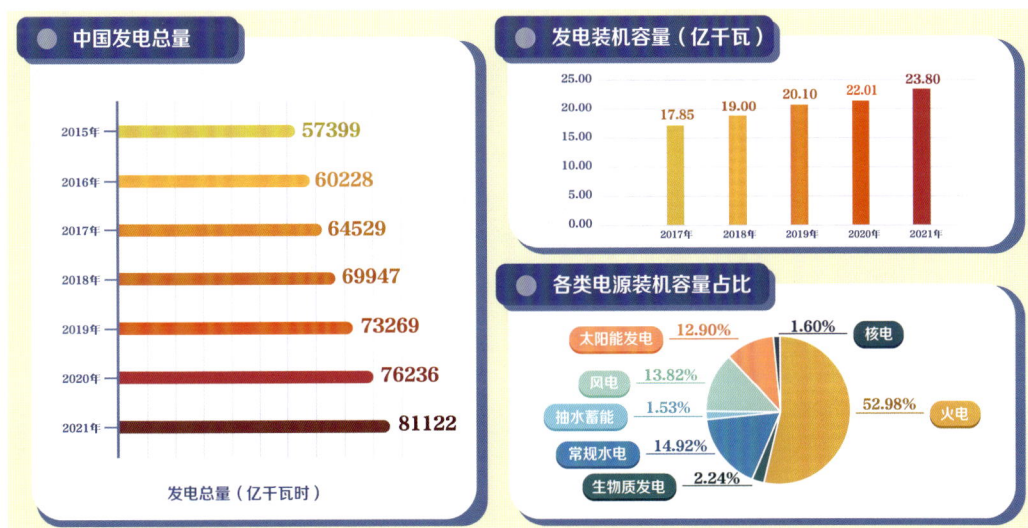

我国发电量及发电装机容量情况统计

近年来，我国能源消费快速增长，能源结构持续优化，与2005年相比，2020年我国煤炭占能源消费的比重从72.4%下降到56.8%，非化石能源占一次能源的比重从7.4%提高到15.3%。煤炭作为我国的主体能源，长期以来在支撑我国经济社会平稳较快发展中发挥了能源安全保障的"压舱石"和"稳定器"作用，在今后较长时期内特别是我国能源转型发展中还将发挥不可或缺的保障作用。

第二章

百年抚顺西露天煤矿换新颜

● 知识小贴士 ●

我国第一个露天煤矿：抚顺西露天煤矿是中国第一个露天煤矿，东西长度有 6600 米，总面积达 14.52 平方千米，矿坑面积超过 10 平方千米，深度达到 400 多米，煤炭厚度能够达到 55 米，开采了 118 年。抚顺西露天煤矿在清朝时期就已经开始开采，后来日本侵占了东北三省，为了获取更多的资源补充战略物资，对抚顺西露天煤矿进行了大量开采，夺取了上亿吨煤炭。直到 1946 年，抚顺西露天煤矿才又回到中国的手中。

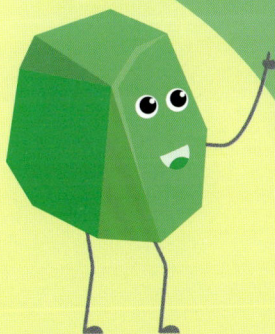

　　根据沈阳新乐遗址出土的抚顺煤精制品，抚顺煤田的发现时间距今已有7000年，但是根据考古材料，抚顺煤田的开发与利用应该始于汉代。1938年，日本人在修建琥珀泉（今抚顺友谊宾馆）时，发现了汉代遗址，并在其中一座住宅遗址中，发现了灶坑，灶坑中有煤渣和燃烧过的煤灰痕迹，说明这时煤炭已经被用于人类日常生活，可以取暖和烧饭了。

　　1644年，清世祖进关，迁都北京，抚顺被划为"龙兴圣地"。处于沈阳清福陵和新宾永陵之间的抚顺地区，被清朝政府严加封禁，不许采掘煤炭，唯恐挖破了风水，断了龙脉。乾隆皇帝规定：在奉省，除白西湖（本溪湖）"供应陵寝煤筋"外，其余各地"虽有煤筋，永行严禁"。道光皇帝则重申："兴京、开原、铁岭、抚顺所属界山厂，一概禁止，不准开采。"从17世纪中叶以来，抚顺煤田被封禁停采了200余年。

　　1901年10月8日，奉天将军增祺呈书上奏慈禧和光绪，请批开采千金寨煤矿。同年12月9日，增祺正式向申请开矿的王承尧、翁寿颁发了"开采批准书"。王承尧随即开始募集商股，先后筹集资金十万两，组建了"华兴利公司"。从此，抚顺煤田拉开了近代开采的帷幕。

　　1905年3月日军于奉天附近打败俄军，占领了抚顺煤田，抚顺煤矿从此成为日本对华矿业投资的重点。1908～1936年，不到30年的时间，煤产量就增长了18倍。1936年，日军强令千金寨居民搬迁至新抚顺，抚顺城市的中心开始转移。此时，抚顺煤产量占东北煤产量的77%，占全国煤产量的30%。

　　1945年8月27日，苏联红军进驻抚顺，并随即对抚顺煤矿实行军事管制，煤矿的生产转而改由苏联军管会具体主持。

　　1946年10月1日起，抚顺煤矿再度改由国民党资源委员会接办，并改称为"行政院资源委员会抚顺矿务局"。

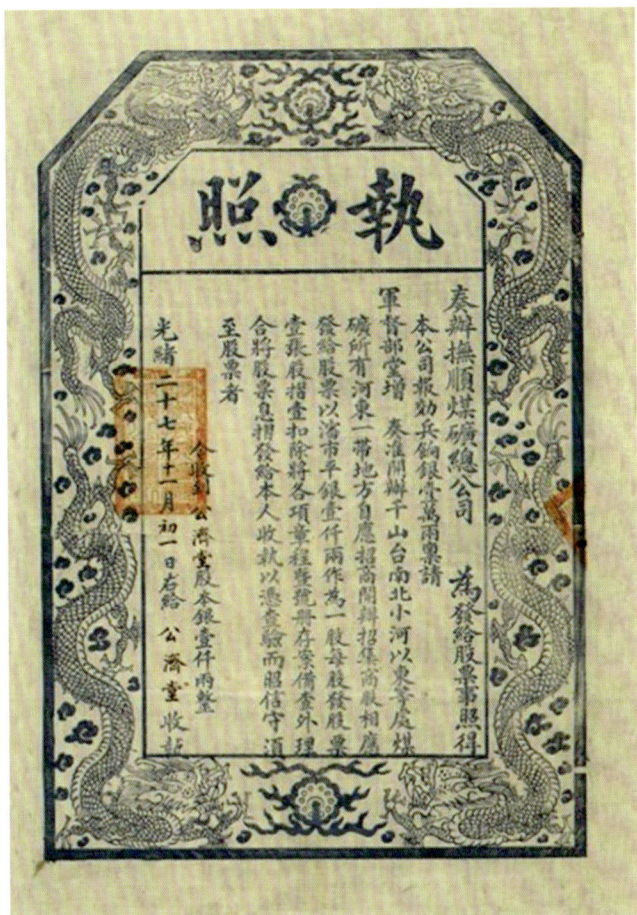

开采批准书

　　1948 年 11 月 1 日，解放军正式收复抚顺煤矿。度过了漫漫长夜的抚顺煤矿，终于看到了一缕曙光，苦难历史也成为古老的传说的一部分。

　　中华人民共和国成立后，抚顺西露天煤矿开始恢复建设工作，历经 1956 年、1964 年、1972 年、1974 年、1984 年五次技术改造，煤炭生产能力很快达到千万吨以上，从而使抚顺跃升为国家重要的煤炭生产基地，抚顺因此被誉为"中国煤都"，享誉中外。2001 年 9 月 29 日，抚顺矿业集团有限责任公司正式成立，抚顺西露天煤矿成为集团的一员。

抚顺西露天煤矿的百年兴衰

抚顺煤矿的开采历史要追溯至 1901 年，那一年清政府创办了"华兴利公司"和"抚顺煤矿公司"，1914 年转为露天开采，是一个具有百年历史的大型煤矿，世界第七。东西长度有 6600 米，总面积达 14.52 平方千米，开采最深时达 400 多米，总容积为 17 亿立方米。基于此，市面上流行这样一句话：抚顺西露天矿的坑底之大，能容下几个城市的人口。该煤矿在开采过程中，也创下了多项纪录，成为亚洲第一"天坑"。

1958 年，毛泽东主席视察抚顺西露天煤矿时，写下了"大鹏扶摇上青天，只瞰煤海半个边"的诗句。

抚顺西露天煤矿介绍

赞美抚顺西露天煤矿的诗句

抚顺西露天煤矿矿坑全景

　　抚顺西露天煤矿是亚洲最大的露天矿，它记载了抚顺煤炭开采的历史。矿坑位于抚顺市望花区、新抚区、东洲区三个区的交界处，南侧为千台山，东侧为市区公路和电铁线路，与抚顺东露天矿采场毗邻，西侧为古城子河，北侧为抚顺市中心区。抚顺西露天煤矿主要产品为煤炭和油页岩，还盛产稀有矿物质煤精和琥珀，煤精可雕刻成各种工艺品，琥珀可以制作项链等装饰品。据悉到闭矿之前，抚顺西露天煤矿一共产出了2.8亿吨煤炭。该煤矿作为我国主要的战略矿产之一，使我国对海外原油的依赖有所减轻。而辽宁抚顺在拥有这一煤矿之后，也实现了快速发展。因为握有丰富煤炭，辽宁抚顺还有一个非常响亮的称呼，被称作"中国煤都"。抚顺也逐渐发展成为我国十大重工业城市之一，在1954年，升级为直辖市。我国境内的第一条有轨电车，也是在抚顺诞生的。当时的辽宁抚顺风光无限，相当于如今的上海。

经过近百年的开采，从抚顺西露天煤矿开采出的煤炭2.8亿吨、油页岩5.3亿吨，剥离岩石量16亿立方米，形成东西长6.6千米、南北宽2.2千米、420米深、面积达10.87平方千米的矿坑。

除了煤矿，抚顺西露天煤矿坑中还有价值连城的宝贝"抚顺昆虫琥珀"，是辽宁四宝（另外三个分别是鞍山岫岩玉、阜新玛瑙、本溪辽砚）之一，使抚顺成为著名的琥珀产区，中国宝石级昆虫琥珀的唯一产地。

抚顺西露天煤矿开采情景

玛瑙工艺品

琥珀工艺品

正所谓是"成也煤矿，败也煤矿"。到了 21 世纪初期，抚顺西露天煤矿每年的煤炭产量不足 300 万吨。抚顺西露天煤矿在开采过程中，也对当地的自然环境产生了不小的破坏。辽宁抚顺当地水土流失愈加严重，经常会面临泥石流的风险。1927 年至今，矿区发生滑坡及变形破坏等 98 处，其中滑坡 77 处，边坡及地表变形破坏 21 处，累计滑坡体积达 5 亿立方米。

2018 年 9 月 28 日，习近平总书记到抚顺西露天煤矿视察时强调，开展采煤沉陷区综合治理，要本着科学的态度和精神，搞好评估论证，做好整合利用这篇大文章[①]。

从可持续性发展、保护环境角度考虑，当地政府决定在 2019 年将抚顺西露天煤矿关闭。

『煤都』抚顺——因煤而生，因煤而兴

抚顺西露天煤矿向中华人民共和国奉献出了第一吨煤、第一桶页岩油，填补了中华人民共和国空白的"第一"，更是用无数双布满老茧的双手和澎湃的激情采掘出"工业食粮"，为百废待兴的中华人民共和国奉献出了光和热。抚顺这座城市不仅因煤而生，而且因煤而兴。

中华人民共和国成立之初，抚顺成为中央直辖市，可见它当时有举足轻重的地位。抚顺的工业基础傲视全国，贡献了第一炉不锈钢、第一炉超高强度钢、第一炉高速钢、第一炉高温合金钢、第一吨铝、第一吨镁、第一吨工业硅、第一吨钛、第一台挖掘机、第一吨油页岩原油等数不胜数的工业奇迹。

同时，抚顺作为中国第一代煤都，不仅为中国贡献了巨量的煤炭，也为中国煤矿产业培养了众多人才。同时，抚顺借助煤炭的优势，抚顺发电厂一度成为全国最大的火力发电厂，为我国提供了大量的电力和热能，被誉为中国的"火电之母"。

抚顺也是中国特殊钢材的摇篮，在不同历史时期，创造了多项全国第一，为国家的航空航天、核电、潜艇、国防军工、油田等多个领域生产出急需的特殊材料。中国的第一枚原子弹、第一枚氢弹、第一颗人造卫星、第一枚导弹和运载火箭、神舟

---

① 奋力开创全面振兴全方位振兴新局面（沿着总书记的足迹·辽宁篇）. 人民网.

抚顺发电厂

系列飞船、嫦娥一号探测卫星的运载火箭、每一时期的战机、
航空母舰上，都使用了抚顺特钢生产的材料。

　　宏伟的抚顺西露天煤矿坑在国内外享有盛誉，至今已有

抚顺城市夜景

140 多个国家和地区的国际友人以及省内外各界人士来这里观光旅游，饱览十里煤海的雄姿。2004 年 7 月，抚顺西露天煤矿被评为全国首批工业旅游示范点，已成为集自然景观和人文景观于一体的旅游胜地，展示矿山发展史，品味工业人文景观。

矿区生态现状

打造抚顺西露天煤矿矿坑"世界生态欢乐谷"构想

抚顺西露天煤矿矿坑东西长 6.6 千米，南北宽 2.2 千米，垂直深度 420 米，面积 10.87 平方千米，是亚洲最大的深凹露天煤矿。矿坑区域为经人工改造的阶梯状地形，北帮边坡角约为 34.5°，南帮边坡角约为 28°，排土场边坡角约为 19°。矿坑北侧地形较缓、地势较低，地面标高在 +70 ～ +80m，总趋势东北略高、西南略低，地形坡度为 2° 左右。露天煤矿开采过程中形成的巨大露天煤矿坑和排土场，破坏和占用了大量土地，使绿色植物大幅度减少，动物迁移，并引起大气、水体和土壤的污染，使整个生态系统遭到严重破坏。

抚顺市依托原有地形地貌和已有设施，把抚顺西露天煤矿矿坑的历史文化和自然资源有效利用到极致，打造抚顺西露天煤矿矿坑世界生态欢乐谷，成为城市绿肺和文旅康养功能区，从而彻底改变城市生态面貌，形成世界罕见的地下青山绿水、冰天雪地奇观。围绕抚顺西露天煤矿矿坑及其周边区域 25.3 平方千米范围，基于"安全、经济、宜用、绿色"的原则，采用"回填压脚、覆盖灭火、疏截蓄用"与"生态修复"相结合的多灾并治方式，对抚顺西露天煤矿进行综合治理，初步设想构建"一核两廊两园四区"的城市空间格局。

"一核"即抚顺西露天煤矿矿坑及西边帮端界范围内的 11.7 平方千米，利用独具特色的巨大工业矿坑地貌资源，构筑面向未来的集生态科学教育、国家矿山公园、体验式旅游和现代竞技活动于一体的城市中央活动区。

"两廊"即沿流经矿坑西部的古城子河以及流经矿坑南部的千金河，建设十字交叉的滨河生态运动休闲走廊。

总体规划范围

"两园"即进一步完善矿坑东南部已有的平顶山惨案纪念公园，在矿坑东北帮居民密集区域结合目前的东观景台，建设开放式城市运动公园。

"四区"即依托矿坑西南部现有的煤炭工业博物馆、矿坑西北帮原抚顺第一炼油厂、抚顺发电厂等废弃厂房，打造煤炭文化展示区和工业遗址展示区；依托胜利矿遗址、南帮滑移治理

矿坑蓄水鸟瞰效果图

区域，通过综合整治，恢复开发百年千金寨历史风貌区；依托当地医疗资源，在位于矿坑南帮和千金河之间的区域，建设智慧康养小区。

按照相关总体布局的思路要求，通过治理和生态重塑建设，在抚顺西露天煤矿打造综合治理、整合利用生态绿色产业，形成特色生态区、地质科普教育区、旅游体验区、生态技术体验区、特色文化区、户外运动区、休闲健身区等特色功能区。

百年抚顺西露天煤矿初展新貌

抚顺西露天煤矿从 1901 年开采到现在已有 100 多年的历史。如今，这个垂直深度超过 400 米、坑口面积超过 10 平方千米的巨大矿坑，生态修复成效显著。昔日寸草不生、风沙飞扬的矿山正在逐步变成绿树成荫、鸟语花香的美丽花园。

抚顺西露天煤矿部分区域生态恢复前后的场景

抚顺西露天煤矿的生态蝶变

第三章

陕北和鄂尔多斯生态巨变

● 知识小贴士 ●

　　能源金三角：以宁夏宁东、内蒙古鄂尔多斯、陕西榆林为核心的能源化工"金三角"地区，是全国罕见的能源富集区，化石能源储量达到 20102 亿吨标准煤，占全国的 47.2%，同时蕴含丰富的光能、风能资源。鄂尔多斯市最先实施了能源化工战略，并且初具规模和效益，被称为西部大开发中"鄂尔多斯现象"。作为"金三角"主角之一的榆林市能源富集，有"中国的科威特"之称。宁东基地已成为享誉全国的国家重要的大型煤炭生产基地、"西电东送"火电基地、煤化工产业基地、现代煤化工产业和循环经济示范区。

矿产资源丰富的鄂尔多斯盆地

鄂尔多斯盆地，位于中国中西部地区，为中国第二大沉积盆地。历史上习惯称呼为黄土高原、鄂尔多斯高原（这些高原名称是群山和盆地的统称），其中的盆地从绝对高度看是高原，而从四周高地看又是盆地，一般称陕甘宁盆地，行政区域横跨陕、甘、宁、内蒙古、晋五省（区）。"鄂尔多斯"意为"宫殿部落群"和"水草肥美的地方"。全区土地面积近371040平方千米，人口4700余万，耕地面积约18108公顷，土地辽阔，矿产资源丰富，天然气、煤层气、煤炭三种资源探明储量均居全国首位，石油资源居全国第四位。

盆地内石油总资源量约为86亿吨，主要分布于盆地南部10万平方千米的范围内，其中陕西占总储量的78.7%，甘肃占总储量的19.2%，宁夏占总储量的2.1%。天然气总资源量约11万亿立方米，储量超过千亿立方米的天然气大气田就有

资源开发场景

5 个。埋深 2000 米以内的煤炭总资源量约为 4 万亿吨，埋深 1500 米以内的煤炭资源量达到 2.4 万亿吨。盆地内分布 7 个含煤区，隶属的 5 个省（区）均有分布。在煤层埋深 2000 米以内煤层气资源量约 11 万亿立方米，埋深 1500 米以内煤层气资源量约 8 万亿立方米。铀矿预测资源量约 86 万吨，中国已探明的铀矿床即在此。盆地的石油、天然气、煤炭探明储量分别占全国的近 6%、13% 和 20%。此外，还含有水资源、地热、岩盐、水泥灰岩、天然碱、铝土矿、油页岩、褐铁矿等其他矿产资源。矿产资源对保障中国能源需求、加强战略能源储备、实现可持续发展具有非常重要的战略意义。

鄂尔多斯市矿产资源分布

鄂尔多斯市已经探明发现的具有工业开采价值的重要矿产资源有 12 类 35 种。煤炭储量 1496 亿多吨，约占全国总储量的 1/6，如果计算到地下 1500 米外，总储量约 1 万亿吨。在全市 87000 多平方千米的土地上，70% 的地表下埋藏着煤。石油、天然气主要位于鄂尔多斯市中西部，在乌兰格尔一带即杭锦旗北部已经发现 20 多处油气田，鄂托克旗境内现已探明油气储量 11 亿立方米。油页岩主要分布于鄂尔多斯市中部的东胜区、准格尔旗、伊金霍洛旗境内，目前的探明储量为 3.7 亿多吨。其中工业储量 66 万吨，储藏厚度一般为 3 ～ 5 米，含油率为 1.5% ～ 10.4%。陶土探明储量 4.33 亿吨，高岭土 65 亿吨，石英砂 4226 万吨，石灰岩、白云岩、建筑黏土等建材资源储量惊人。

陕北的矿产资源分布

陕北地区是国内少有、世界罕见的能源和矿产资源"两源并富"的地区。陕北地区已发现 8 类 40 多种能源矿产资源，主要有煤炭、石油、天然气、盐、陶紫砂土、高岭土、铝矾土、石灰石、石英砂等，其中煤炭、石油、天然气富集一地，陕北素有"振兴陕西新曙光"之美誉。

　　陕北煤炭基地是国家规划的 14 个大型煤炭基地之一，现已探明煤炭储量 2300 亿吨，占全国探明总量的 30% 左右，远景储量达 6000 亿～10000 亿吨。石油探明储量 14.1 亿吨，属鄂尔多斯侏罗纪地质储层，天然气探明储量 4.118 万亿立方米，是至今我国陆上最大的整装气田鄂尔多斯气田的主力储区。中国是世界上最早发现和使用石油的国家，而陕西省延长县又是中国最早发现和使用石油的地方。天然气资源已形成年 100 亿立方米的生产能力，并建成年处理 50 亿立方米的亚洲最大天然气净化厂。

　　陕北是陕西省唯一的产盐区，岩盐、湖盐、井盐、土硝盐种类齐全。其中岩盐田为目前已发现的全国最大的岩盐田，其探明储量为 8855 亿吨，预测储量 6 万亿吨，占全国岩盐总储量的 26%，主要分布区域北起红碱淖、南至清涧、西起青阳

中国陆上第一口油井（延长县）

岔、东至黄河边，含盐面积 2.5 万平方千米，岩盐层平均厚度 120 米，最大厚度 370 米。岩盐资源的潜在价值达 33.2 万亿元，是全国最大的青海察尔汗盐湖潜在价值的 2.2 倍，是全省煤、气、油等其他资源潜在价值总和的 3 倍，有害组分含量甚微，为全球岩盐矿床史上罕见的精品矿床。

岩盐样本

榆林矿产资源分布

榆林素有"中国的科威特"之美誉，是中国新兴重化工基地和生态环境建设重点试验示范区，也是中国实施西部大开发战略的热点区域之一。

榆林拥有世界七大煤田之一的神府煤田、世界级的靖边天然气田、中国特大巨型盐岩矿和陕西具有潜力的石油开发区，以及高岭土、铝土矿、石英矿、石灰石等八大类四十多类矿产资源，而且水资源也比较丰富，富水区与能源主储区分布一致，发展能源重化工产业的条件得天独厚。现已探明矿产资源有 15 种，其中煤炭、石油、天然气、岩盐分别占全省总量的 86.2%、43.4%、99.9%、100%。平均每平方千米地下蕴藏着

622 万吨煤、1.4 万吨石油、1 亿立方米天然气、1.4 亿吨岩盐。平均每平方千米土地拥有 10 亿元的地下财富，矿产资源潜在价值达 40.6 万亿元，约占陕西省总矿产资源价值的 95%，是国内罕见世界少有的能源矿产富集地。

榆林市已探明煤炭储量约占全国总储量的 1/5，榆林市煤炭预测 2800 亿吨，探明储量 1500 亿吨，全市有 54% 的地下含煤，占全省探明储量的 86%，占全国探明储量的 12%。

大开发开创西部煤炭工业发展的新纪元

20 世纪 80 年代初，国民经济的恢复、发展拉动能源需求的快速增长，我国以煤为主的能源供需矛盾更加突出。因燃料不足，上海及华东沿海地区工厂停工、停产等情况时有发生，就连首都北京的煤炭也供不应求。正当国家做出能源战略重心西移的决策，并在全国范围内四处找煤筹划新的能源接续地的时候，陕西和内蒙古已经在积极谋划开发承载着革命老区脱贫曙光、国家能源接续奋进光荣使命的神东矿区煤炭资源，助力我国能源战略重心西移，开启了轰轰烈烈的开发大幕。《榆林地区发现一个大煤田》的消息登上《人民日报》头版时，拉开改革开放帷幕的中国，对能源资源的需求正与日俱增。从初期的"集资修路、乡镇办矿"，到中期的建设大型和特大型机械化矿井为主并兼顾地方、乡镇办矿，直至后期的建设现代化特大型能源基地，矿、电、路、港、航"五位一体"发展战略的确定，使煤田开发建设走上跨越式发展道路，为建成以千万吨矿井群为支撑的亿吨、两亿吨煤炭生产基地奠定了坚实基础。

2001 年，大柳塔煤矿完成商品煤生产 1500 万吨，成为神东矿区第一个千万吨矿井，先后多次创造国内外行业新纪录和世界第一。后来，榆家梁煤矿、补连塔煤矿、上湾煤矿、哈拉沟煤矿、保德煤矿、石圪台煤矿也陆续建成千万吨矿井。

2005 年 12 月 23 日 12 时，神东矿区当年累计生产原煤 1.00013 亿吨，建设成为我国第一个亿吨级安全高效绿色煤炭基地，率先实现国务院 13 个亿吨大型煤炭生产基地的规划创建目标，开创了煤炭工业发展的新纪元。2010 年，神东矿区原煤产量突破 2 亿吨，成为国内首个两亿吨级煤炭生产基地。2012 年，神东煤炭集团自产原煤首次突破 2 亿吨大关。

神东矿区全景

能源金三角腹地的兴起

"能源金三角"腹地的鄂尔多斯和榆林因煤而兴，富甲全国，分别被冠以"东方迪拜""中国科威特"之称。2021 年全国原煤产量 41.3 亿吨，其中鄂尔多斯市规模以上煤炭企业生产原煤 6.73 亿吨，位居中国产煤城市首位，榆林市煤炭产量达到 5.52 亿吨，占全国煤炭总产量的 13.6%。鄂尔多斯市和榆林市一举成为我国大型的煤炭生产基地、全国大型的煤电基地、全国大型的现代煤化工产业示范区，当前俨然已是我国"西煤东运""西气东输""西电东送"的源头，为我国资源型地区推动经济高质量发展蹚出了一条可借鉴的转型发展之路，被誉为"资源型城市绿色发展的样本"。这些埋藏在地下亿万年的黑色矿产，直接推动了"能源金三角"腹地的兴起和发展奇迹。

鄂尔多斯的兴起

鄂尔多斯长期以来，由于自然、历史、社会等方面的原因，基础设施落后，经济发展缓慢，曾是内蒙古自治区最贫穷落后的地区之一。改革开放以来，特别是"八五""九五"期间，紧紧抓住国家能源战略重心西移的机遇，有效实施资源转换战略，推动经济发展步入"快车道"，形成了众所瞩目的"鄂尔多斯经济现象"。地区生产总值从 2005 年的 550 亿元增长到 2022 年的 5613.4 亿元，人均地区生产总值从 2015 年的 3.13 万元增长至 2022 年的 25.69 万元。

昔日"一煤独大"的鄂尔多斯，今朝华丽转身为"现代能源"之城，初步形成了多能互补、综合利用、集约输送、供用结合的现代能源生产供给消费体系，建成煤电、煤化工、天然气、新能源及其伴生资源综合利用的产业链，具有 6 亿吨煤炭、300 亿立方米常规天然气、1428 万吨煤化工、2037 万千瓦火电、75 万千瓦水电、40 万千瓦风电、151 万千瓦光伏发电、4.8 万千瓦生物质发电和 120 万吨氧化铝生产能力，成为国家 14 个大型煤炭基地、9 个煤电基地、4 个现代煤化工产业示范区之一和国家"西气东输"的主要气源地。

当前，鄂尔多斯是全国最大的能源输出地级市，是面向全国的清洁能源输出主力基地，是保障京津、服务华北、面向全国的清洁能源输出主力基地。党的十九大以来，每年全国 1/6 的煤炭、1/4 的天然气、800 多亿千瓦时 (2018 年达 1031 亿千瓦时) 电产自鄂尔多斯，为资源型地区推动经济高质量发展蹚出了一条可借鉴的转型发展之路，被誉为"资源型城市绿色发展的样本"。

近年来，鄂尔多斯"黑金产业"向着高端演化。在能源生产方面，强化延伸煤基产业链，推进煤炭清洁高效利用；打破煤炭只能发电、只能发展煤化工的传统产业思维，大力发展石墨烯、高分子材料、碳素材料等产业，推进重大项目产业化和示范应用。逐步培育壮大战略性新兴产业，生产新能源汽车1.2万辆、手机显示屏6476万片，大数据云计算服务器装机能力突破30万台。全市高技术产业、战略性新兴产业、装备制造业增加值分别增长23%、5.9%、11.5%。

在经济发展的同时，鄂尔多斯牢固树立绿色发展理念，坚持产业为生态让路，切实筑牢祖国北疆生态安全屏障鄂尔多斯防线。库布其沙漠治理成为全国生态文明建设的先进典型，亿利生态示范区被命名为全国"绿水青山就是金山银山"实践创新基地。伴随着改革开放广度和深度的不断拓展，一幅美丽的绿色发展新画卷正在8.7万平方千米的大地上徐徐展开。透过鄂尔多斯推动经济高质量发展之路可以看出，"绿"依然是最动

鄂尔多斯市变化

人的底色。东风正劲，抚拂新绿遍野；旭日蒸蒸，照映前行疾步。绿色发展，未来鄂尔多斯会更加亮丽。

榆林的
兴起

榆林得以名扬天下的缘由不外乎其在军事战略上的重要地位。与此同时，这片位于沙漠与黄土高原交会处的土地上，贫穷、落后始终与之相伴而生。

20 世纪 80 年代，中国拉开改革开放的帷幕，对能源资源的需求正与日俱增。凿开混沌得"乌金"，榆林的煤像血液一样，源源不断地被运往大江南北，为国家经济社会发展做出了重要贡献。

随着"榆林煤"首度面世，一场煤田大开发就此开启。从那时起，榆林迎来了最为辉煌的跨越发展时期，其后数十年间，榆林从一个落后地区变成了全省经济总量第二的地级市，成为世界瞩目、全国举足轻重的能源化工基地。其间，"榆林煤"以储量大、质量优堪称煤炭界的"高富帅"。作为煤炭资源富集区的榆林，过半土地下含煤，国家规划建设的 14 个大型煤炭基地中，涉及榆林的有神东、陕北两个基地。经过 30 多年的发展，全市目前共有各类煤矿 269 处，2021 年煤炭产能 5.52 亿吨，占全国煤炭产量的 13.6%；煤炭行业实现税收 233.2 亿元，占全市财政总收入的 34.4%，成为榆林市经济发展的第一支柱产业。榆林的地区生产总值从 2005 年的 320.04 亿元增长到 2022 年的 6543.65 亿元，人均地区生产总值增长至 2022 年的 18.08 万元。

榆林在发展兴起的同时，也经历了从"黑色革命"到"绿色发展"的嬗变。建立健全绿色低碳循环发展经济体系，坚持结构性去产能、系统性优产能，抓好煤炭生产、能源利用和有序减量替代；加快煤化工产业高端化、多元化、低碳化发展，积极发展煤基特种燃料、煤基生物可降解材料等；科学制定碳达峰、碳中和"1+N"政策体系，限制高能耗、高污染"两高"项目盲目发展，遏制现有产能无序扩张，抓好石化等重点行业领域减污降碳，扩大光伏等新能源装机规模，把绿色理念广泛融入经济社会发展，以满足人民群众日益增长的优美生态环境需要。

2021 年 9 月，习近平总书记考察榆林，看到榆林翻天覆地的变化，他感慨道："我当年在延川插队的时候，榆林是全陕西最穷的地方。这边人口稠密，但缺吃少喝，都是汤汤水水过日子。后来一经发现了能源，并且有能力开采、发展能源产业，完全不同了。这也就是不到半个世纪的光景，榆林繁荣起来了。"[1]

绿色是生命的象征，是美好生活的底色，是亘古不变的追求。榆林从"黑色革命"到"绿色发展"，从"农"到"工"大踏步转型，为国家能源发展、产业发展以及工业化进程做出了贡献。

---

[1]　赵岩.榆林繁荣起来了.陕西日报.2022-08-01.

红柳林煤矿全景

昔日的黄土地披上了绿装

三十年大开发使
不毛之地变绿洲

处于能源"金三角"腹地，坐落在中国最大煤田"神府东胜煤田"的鄂尔多斯与榆林，位于我国西部沙漠化严重、生态极度脆弱的荒漠荒原区，矿产资源开发初期，经济落后、交通闭塞、生态脆弱。过去年均降水量仅300～400毫米，而年蒸发量却高达2000～2500毫米，风蚀区占总面积的70%以上，植被覆盖率仅为3%～11%。恶劣的自然环境使这里常年风沙弥漫、草木稀少，春季沙尘暴频发，夏季洪水泛滥肆虐，冬季寒冷遍地荒芜，历年向黄河输入的泥沙不计其数。"一年一场风，从春刮到冬"，是矿区开发之前及初期当地生态环境的真实写照。

经过三十多年的矿产资源开发建设，对经济和社会发展起推动和保障作用的同时，也给生态环境带来了一些负效应，如煤炭开采造成地表塌陷、地下水位下降、地表植被死亡、泉流干涸等，煤炭资源转化利用过程中的"三废"问题严重，煤焦化、煤气化、煤液化等煤化工项目排出的废水、废气对当地的水资源和大气造成了严重污染，废渣和煤炭开采排出的煤矸石占用了大量的土地资源。借助现代绿色矿山开发和修复技术、荒漠化治理技术，使矿区森林覆盖率大幅提升，生态环境也实现了从严重恶化到整体遏制、大为改善的历史性转变和巨变，还矿区绿水青山，使不毛之地蝶变为煤海绿洲。

采煤造成滑坡和台阶裂缝

绿色红柳林煤矿

采煤塌陷区 生态修复

　　布尔台区域生态环境综合治理基地位于布尔台沉陷区，是神东矿区最大的集中连片采煤区，共219平方千米。生态基地由6万亩"生态综合示范项目"和4万亩"采煤沉陷区生态修复治理＋光伏＋"组成。目前，6万亩"生态综合示范项目"正在有序推进中，种植有樟子松等生态树种和果树、大果沙棘等经济树种。4万亩"采煤沉陷区生态修复治理＋光伏＋"项目正在设计阶段，建成后将实现采煤沉陷区土地的综合治理生态效益和光伏电站带来的社会效益，构建了山水林田湖草的生态空间结构。

　　国能准能集团有限责任公司（以下简称准能集团）高效利用矿区土地资源，采用"上光下农""上光下牧"的"光伏＋"模式，将光伏发电与农业种植、畜牧业相结合，现正在推进10万千瓦集中式光伏发电项目，"十四五"期间将规划建设50万千瓦光伏发电项目。

采煤沉陷区光伏发电

矿井水循环利用促进矿区生态修复

　　水是文明之源、生态之要、发展之需。针对能源"金三角"煤炭开发中水资源缺乏问题，提出了矿井水井下储存利用的新理念，利用煤炭开采形成的采空区作为储水空间，用人工坝体将不连续的煤柱坝体连接成复合坝体，建设煤矿地下水库，创造性地将井下排水通过采空区矸石的过滤、净化后，再次用于矿区的生产及生活，实现了矿井水的循环利用，为保护矿区生态环境起到了积极作用。2010 年在大柳塔煤矿建成首个煤矿分布式地下水库，实现了污水不上井，清水零下井。迄今为止，累计建成 32 座煤矿地下水库，储水量达到 3100 万立方米，是目前世界上唯一的煤矿地下水库群，供应了矿区 95% 以上的用水。目前，地下水库日回灌量约 1 万立方米，井下日均复用水量约 7800 立方米。

　　把大柳塔煤矿从地表到井下想象成一座 4 层楼房，楼房的顶层就是地表，采空区位于大楼的 2 层，平硐井口位于大楼的 1 层，开采煤层位于大楼的地下 1 层。在大楼 2 层的部分房间修建水库收集水源，并将地下 1 层的污水注入 2 层的其他房间进行净化然后流回到水库。水库的清水一部分回流地下 1 层用于开采，一部分用水泵排到顶层用于地表绿化。

神东矿区大柳塔煤矿地下水库

在矿井水处理方面，探索出三级处理、三类循环、三种利用的"三个三"废水处理与利用模式。比如，神东各矿井均配套建设了井下采空区过滤净化系统，实现井下废水过滤净化，在井下生产、喷淋、喷雾降尘重复利用，从源头上对井下废水进行合理利用。选煤厂建设了煤泥水闭路循环系统，实现废水循环利用。地面建成覆盖全矿区的污水处理厂，实现了污水 100% 处理，处理后的水作为矿区生产、生活、生态用水。建成了深度水处理厂，补充矿区居民生活用水的需求，实现矿井水零排放。通过实施这一模式，变"水害"为"水利"。

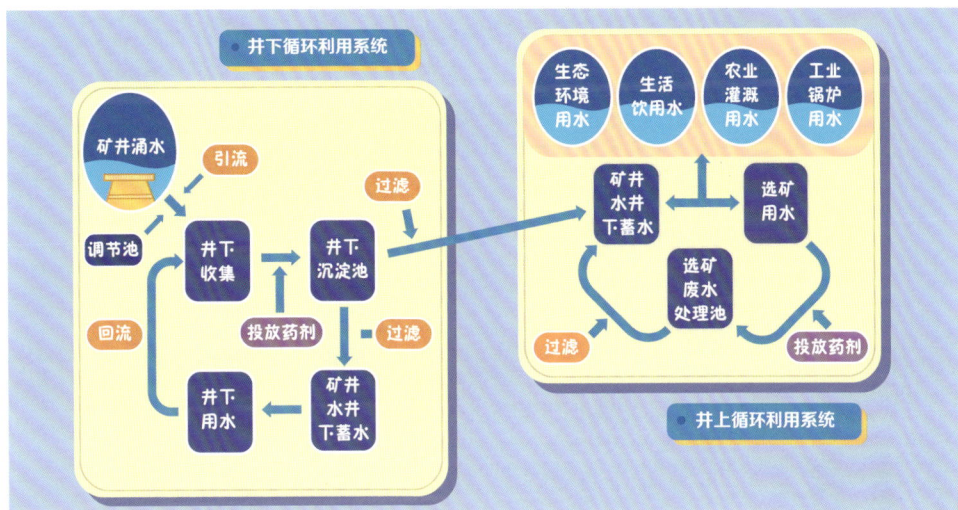

矿井水循环处理流程（顾大钊院士）

露天矿区蝶变为矿山公园

准格尔矿区地处内蒙古鄂尔多斯高原，原生态脆弱、经济结构单一、水资源匮乏、植被稀疏。自建矿以来，准能集团根据矿区地质特征，运用露天采矿工艺，创新形成水土流失控制技术体系，做到了"黄土封绿、立体造绿、择空补绿"，将排弃地复垦全覆盖、无死角，实现"地貌重塑、土壤重构、植被重建、景观重现、生物多样性保护与重组"。截至2021年

绿色矿区

底，准能集团复垦总面积 5 万余亩，治理率 100%，植被覆盖率由 25% 提高至 80%，水土流失控制率 80% 以上，生态系统实现正向演替、良性循环。如今的准格尔露天矿区山清水秀、景美物丰，已成为百鸟的天堂、动物的乐园，被评为"中国最美矿山"，获首批"国家级绿色矿山"，获批"准格尔国家矿山公园"。

榆北煤业绿色开发十年

从踏沙寻煤到一座座千万吨级智慧矿山拔地而起，10 年来榆北人同心"亮剑"毛乌素，拉开了陕西煤业化工集团有限责任公司（以下简称陕煤化集团）在陕北地区二次创业的序幕，用责任和毅力生动诠释了陕煤人"北移精神"的强大力量。近年来，在绿水青山就是金山银山的理念指引下，陕煤化集团通过开展煤矿智能化建设，大力推广充填开采、保水开采、煤与

绿色矿山建设擦亮榆北煤业生态发展底色

瓦斯共采、矸石不升井等绿色开采技术，实现了能源消耗由低端低效使用向节能高效的转变，促进了煤矿安全、高效、绿色开采。

陕西陕煤曹家滩矿业有限公司集生态治理、人文景观、游览休闲于一体，成功将矿井疏干水作为生态用水的第二水源，前期以灌溉养护耕地、林地为主，后期为采煤沉陷区修复进行生态补水。探究沉陷区生态治理恢复模式，培育了21种植物，通过传感器观察植被成活、长势及其抗病虫性、抗旱抗盐碱性、抗风抗冻性，根据成活率、长势情况筛选出优生植物，为沉陷区生态恢复治理提供科学依据。

沉陷区生态治理

红柳林矿业有限公司先后在生活区和工业区种植适合陕北地区的花草数百种，绿化面积达30余公顷，使得该公司生活区、工业区、办公区、道路两边被绿色植被包围，形成了绿树成荫、鸟语花香、人与自然和谐相处的新景象，成为毛乌素沙漠中的一片绿洲。

红柳林矿绿色园区

产业化促进生态煤炭开发

产业生态化促进煤炭矿区生态系统的动态平衡

根据"两山"理论，坚持"生态优先，绿色发展"，产业可以做到生态化，即在资源开发的同时，与生态环境保护相统一。

煤炭产业生态化是促使产业经济活动从有害于生态环境向无害于甚至有利于生态环境的转变过程。基于源头控制和过程控制的理念，协同区域自然生态系统环境承载能力与煤炭开发产业链的生态环境保护，实施开采前精细化地质勘探，开采过程中精准化减损，开采后精确化恢复利用。通过水土保持、水资源保护与利用（如保水开采、修建地下水库、建设"海绵矿井"）、污染综合治理（如建设"无废矿井"）、生态修复等手段，建立开采过程中同步、同时的生态保护、修复与治理模式。通过妥善处理矿产资源、水资源、地表生态与环境容量之间的关系，建成绿色矿山，打造生态矿区，达到"采煤不见煤、排矸不见矸、污水不外排、风起不扬尘、车过不起灰"。

例如，国家能源集团神东矿区在煤炭开采的同时非常注重生态修复与治理，虽然矿区地处干旱的盐碱地，但在煤炭开采后，经过土地整治、生态修复等人为干预，盐碱地面积大幅度减少，植被繁茂程度、生境质量大幅改善，生物多样性显著提升，初步实现了煤炭开采的生态化。

30 多年来，神东矿区累计投入环保绿化资金超过 41 亿元，实施生态治理与建设面积 339 平方千米，是开发面积的 1.5 倍。近年来，同时将工业文化、生态文化与旅游功能深度融合，创新发展"生态＋光伏""生态＋农业""生态＋牧业""生态＋林果""生态＋旅游""生态＋棕地利用"等多元产业，探索出"造绿储金、点绿成金、守绿换金、添绿增金、以绿探金"多种"两山"转换路径，生态系统生产总值（GEP）稳步提升，矿区生态系统调节服务价值增加至 27.31 亿元，破解了在黄土高原半干旱荒漠地区大型煤炭基地开发建设中进行生态环境保护的世界性难题。把资源开发同生态修复与治理统筹起来，探索出一条"采矿—复垦—生态产业化经营"的发展路径。

生态产业化促进煤炭矿区生态经济良性循环发展

生态产业化一方面是自然资源的资产化、产业化，另一方面是让"绿水青山"转变为可计量、可考核、可获得的"金山银山"。对于自然资源不仅要考察其经济价值，还要考察其生态价值。生态服务和生态产品既是经济资源，也可以转化为金山银山，实现生态产品价值。

在行动上，运用现代生态化技术改造和重组再造生态经济结构，采取井下生产与地面农林业联动、水资源保护与利用联动、煤炭清洁生产与清洁转化联动、生态修复与生态产业开发联动等方式，强化煤炭产业，开拓生态产业，把地下、地上的产业活动纳入矿区生态系统中。按照社会化大生产、市场化经营的方式提供生态产品或服务，推动生态要素向生产要素转变，构建现代生态产业体系。煤炭矿区生态环境的改善不仅是一种"软实力"，还能成为"硬实力"，以良好的生态环境条件带动其他产业发展，让优质的生态环境成为有价值的资源，与土地、技术、资本、劳动力等一样，成为支撑高质量发展的生产要素，实现产业活动和生态系统良性循环和可持续发展。

陕北和鄂尔多斯煤炭开发建设三十多年来，在生态环境治理方面坚持"先保护后开采、以开发促治理、以治理保开发"的生态保护原则，从"三期三圈"到"山水林田湖草沙"，持续完善生态治理保护体系，利用新技术不断推进绿色矿山建设、矿井水净化利用、经济林营造、土地复垦、地表水保护、原生态植被恢复和荒漠化系统治理，生态治理效果显著，建成了以"生态矿区、绿色矿井、清洁煤炭"为特征的新型绿色煤炭基地，走出了一条煤炭企业产业生态化、生态产业化协同推进的新路子。

第四章

西藏天域高原
巨龙绘新图

　　青藏高原位于中国西南部，亚洲内陆高原，是中国最大、世界海拔最高的高原，东西长约 2800 千米，南北宽 300 ~ 1500 千米，总面积约 250 万平方千米，一般海拔在 3000 ~ 5000 米，平均海拔 4000 米以上，被昆仑山脉、唐古拉山脉与喜马拉雅山脉环抱，同时区域内江河纵横、湖泊密布，有超过 6400 条河流、约 816 个湖泊，平均年水资源总量达 4394 亿立方米，占全国整体的 16.5%，是全球公认最佳的淡水资源地之一，被誉为"世界屋脊""亚洲水塔"，是地球第三极，具有重要的水源涵养、土壤保持、防风固沙、碳固定和生物多样性保护功能，是我国乃至亚洲的重要生态安全屏障区和全球生物多样性保护的关键区域。

西藏天域高原矿产资源丰富

青藏高原蕴藏着丰富的资源能源，包括大宗金属、稀有贵金属和非金属矿产、地热、太阳能、盐湖及油气等，不仅是我国社会经济发展的战略性矿产资源基地，更是中长期战略储备的资源基地。

在已经发现的矿产中，西藏有17种矿产位居全国各省（区、市）前9位。其中，铬、高温地热、工艺水晶和刚玉储量位居全国首位，铜矿和火山灰储量位居全国第二，菱镁矿储量居全国第三，稀有矿种硼、自然硫和云母储量居全国第四，砷矿储量居全国第五，陶瓷土储量居全国第六，石膏储量居全国第七，泥炭和晶质石墨储量居全国第八，锑和重晶石储量居全国第九。

西藏五大国家级铜铅锌资源接替基地

地区	基地	备注
藏中地区	铜铅锌钼铁勘查开发基地	跨冈底斯、藏南喜马拉雅2个重要成矿带，包括6个超大型矿床、24处大型或具大型潜力的铜（钼）铅锌多金属矿床
藏南地区	铬铁矿勘查开发基地	该地区铬铁矿占全国已探明铬铁矿储量的50%，且禀赋好，交通条件较好
藏东地区	铜铅锌多金属勘查接续基地	超大型铜矿床1处（玉龙）、大型矿床10处，已控制的铜资源量在1000万吨以上，铅锌资源量在500万吨以上
藏西北地区	盐湖资源勘查开发基地	大型矿床7处、中型矿床4处，已发现富含硼、锂、钾、钠、镁、溴、铷、铯、石盐等盐湖矿产的矿床（点）100余处
	铜铁铅锌勘查后备基地	波龙、铁格隆南超大型铜金矿床2处以及12个大型或巨大型潜力铜（金）铁矿床

长期以来，由于矿产资源地质勘探和开发水平低、矿产开

发管理薄弱，西藏的矿业开发与发展不具优势。现有开采矿山中也只有 15% 做过地质工作，仅 10% 的矿山企业开采的地质储量经过矿产储量部门评估。西藏总体上生态环境比较脆弱，矿产开发中的环境保护投入高。尤其是受交通运输条件的限制，西藏矿业发展滞后，不仅在西藏地区生产总值中所占的比例较低，而且在促进西藏第二产业发展中也没有发挥其优势。

西藏巨龙铜业开发 绘制生态新景象

青藏铁路沿线的地质勘查工作程度很低，但已发现的矿产资源十分丰富，铁、铜、铬铁矿、铅、锌、金、锑、银、硼、石油等都是国家急需的矿产。随着青藏铁路的建设开通，矿产业作为西藏的优势产业，其发展面临着千载难逢的机遇。将有利于改善藏西北和"一江两河"地区的矿产资源开发利用现状，西藏的矿业开发将进入一个加快发展时期。

苍茫雪域，巍峨昆仑，一条"天路"连通雪域内外。从西藏第一条铁路青藏铁路到其延伸线拉日铁路开通，再到西藏第一条电气化铁路拉林铁路开通，复兴号飞驰雪域高原，将为西藏矿产资源的开发、发挥资源优势、经济发展腾飞绘新图。

西藏巨龙铜业，工作面海拔 5500 米，是世界第二大、亚洲第一大、最接近天空的矿区。2021 年 12 月 27 日，西藏巨龙铜业正式投产。针对矿区海拔高差达 1500 米的情况，巨龙铜业因地制宜采用"梯级绿化"的模式进行植被恢复绿化：海拔 4000 米以下区域主要采用"乔木 + 灌木 + 草本"的绿化模式；海拔 4000 ~ 5000 米区域主要采用"灌木 + 草本"的绿化模式；海拔 5000 米以上区域主要采用"高山草本"的绿化模式，实现矿区分层次、梯级绿化。矿区首次在高原尝试应用植生袋、植生毯克服原生土壤贫瘠问题，并在植生袋、植生毯内添加植物生长所需营养物质及相应草籽，取得了良好的生态修复效

火车飞驰雪域高原

果。在推进矿区绿化进程中，巨龙铜业统筹考虑矿区美化，从矿区大门处至 4600 米区域大量播散适应当地气候条件的格桑花种。目前矿区 4300 米以下区域格桑花长势较好、花期较长，尤其在尾矿坝下游处形成了花海，成为矿区又一处"网红打卡点"。

今天的巨龙铜业高山绿草、高原柳、藏青杨、沙棘、格桑花、油菜花交替入镜，美丽画卷渐次舒展。未来，巨龙铜业将全力推进绿色矿山、花园式矿山建设，努力打造高原矿山生态修复典范，探索一条矿山生产建设与生态环保相容兼顾、有机融合、相互促进的绿色矿业发展之路。

西藏巨龙铜业

高原生态修复

第五章

鬼斧神工之
矿山生态修复

碳中和是指将因社会活动产生的二氧化碳排放量与通过商业碳汇或碳减排信用等活动所吸收的二氧化碳量等量，从而使两方相互抵消，净碳排放量趋于零。

碳汇是指通过植树造林等方式吸收大气中的二氧化碳，从而减少温室气体在大气中的浓度的过程、活动或机制，包括自然与人为两个层面。自然碳汇主要通过科学绿化，增强植物光合作用，挖掘提升土壤和植物固碳能力，如基于自然的解决方案；人为碳汇则通过碳捕集、利用与封存或大气二氧化碳去除等负排放技术来实现去除。

生态修复还矿区绿水青山

　　煤矿和所有矿山一样，在给予人类不可或缺的物质财富的同时，必然对生态环境造成影响。采空区、塌陷区、煤矸堆积区等产生环境负效应，特别是过去粗放式开发对环境造成破坏。然而，现代绿色矿山注重开发与生态协调发展，在采矿促进资源地区的社会经济发展的同时，通过生态保护和修复，借助现代绿色矿山开发和修复技术，主要包括沉陷区修复、矿区土壤重构、植被修复与景观设计、废弃矿坑矿井利用、矿山固废利用、矿井水利用等，人工生态修复与自然生态修复共同促进了矿区生态环境的正向演替，还矿区绿水青山，实现资源开发与社会生态协调发展。

　　生态修复：是在生态学原理的指导下，以生物修复为主，结合各种物理修复、化学修复及工程技术措施，通过优化组合，使之达到最佳效果和最低耗费的一种综合的修复污染环境的方法。

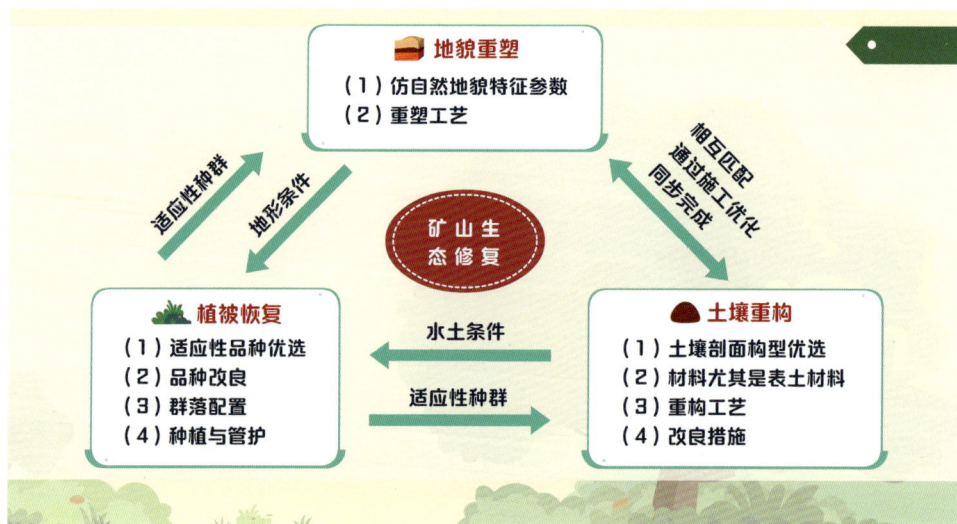

生态修复技术图[①]

―――――――――

① 胡振琪，赵艳玲．矿山生态修复面临的主要问题及解决策略．中国煤炭，2021，47（9）：6.

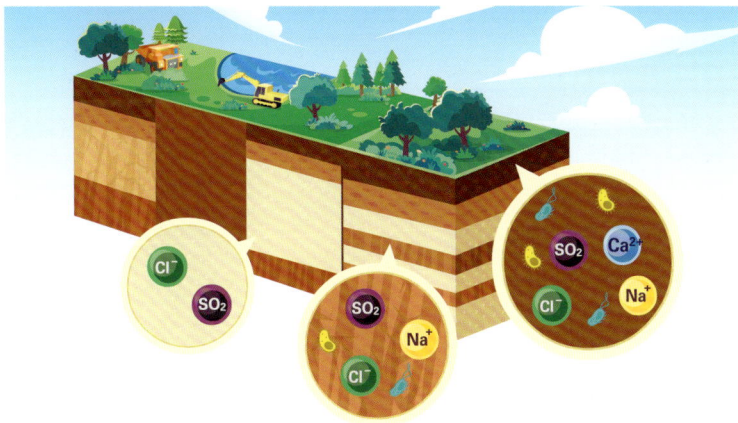

土壤重构

矿区的主要生态修复对象包括：露天采矿场地、地下开采的采矿活动影响区、排土场、选矿尾矿库、堆浸地、输送管线填埋区、道路、各工业场地等。

矿区生态恢复：是指对因各种采矿造成的生态破坏和环境污染的区域因地制宜地采取治理措施，使其恢复到期望状态的活动或过程。人为改造和自然演替的共同作用，使矿区各生态要素朝着人类预期方向演化，包括土地要素、植被要素、景观要素等。矿区生态恢复是国土空间生态修复的重要组成之一，基于自然修复为主、人工修复为辅的方式，采用生物修复、工程修复等措施对矿山开发过程中导致环境破坏的问题进行修复，使矿山生态环境恢复到原先状态，趋于生态平衡的过程。

生态修复 助力碳汇

传统煤矿开采不仅造成了地表植被破坏、土壤质地变化，而且导致碳损失，在开采与选洗过程中直接和间接地导致了碳的大量排放。通过科学的矿山生态修复可较大程度上改善土壤质地、增加植被覆盖率、提高减排增汇水平，实现"低碳源、高碳汇、高效益"的发展状态，有效助力碳中和的实现。

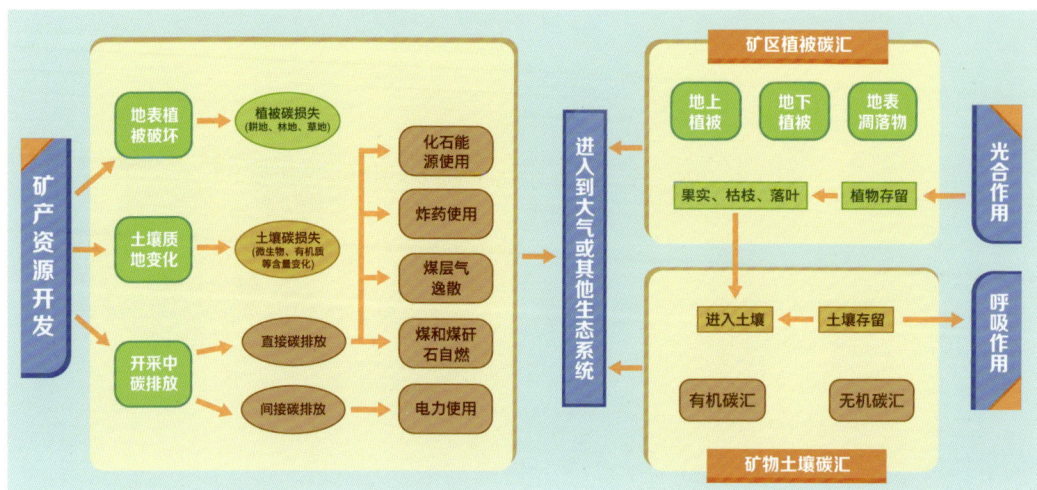

矿区植被碳汇

矿产资源开发 → 地表植被破坏 → 植被碳损失（耕地、林地、草地）

土壤质地变化 → 土壤碳损失（微生物、有机质等含量变化）

开采中碳排放 → 直接碳排放、间接碳排放

化石能源使用　炸药使用　煤层气逸散　煤和煤矸石自燃　电力使用

进入到大气或其他生态系统

矿区植被碳汇：地上植被　地下植被　地表凋落物

果实、枯枝、落叶 ← 植物存留　　光合作用

进入土壤 ← 土壤存留　　呼吸作用

有机碳汇　无机碳汇

矿物土壤碳汇

矿区植被碳汇

　　煤炭矿山生态修复能够有效增强修复后土壤碳储存和植物固碳能力，具体体现在以下四个方面。

　　（1）通过生态修复可缓解已破坏的生态系统，修复后的耕地、林地、草地等生态系统结构和功能较之前相对完整，在固碳释氧、缓冲气候变化影响等方面能够发挥积极作用。

　　（2）在生态修复过程中，需进行土地整治，土壤重构作为土地整治的一个重要环节对土壤中有机碳的积累有着重要作用，通过土地整治等工程能够有效提高修复区土壤质量，增加储碳潜力。

　　（3）将矿区破坏的或到达生产年限的建筑废弃地复垦利用，建设用地具有碳源功能，将其整治成林草地、湿地等，增加植被覆盖率，实现碳源向碳汇转换。

　　（4）将矸石山特别是易自燃矸石山进行生态治理后综合利用，不仅可直接减少碳排放、降低对环境的污染，而且还避免了土地资源的浪费。

　　长期跟踪研究显示，开采之后的煤矿塌陷区通过生态修复治理可以变成固碳的新场所。修复后的土壤本身能够固碳，种植的草木也可以吸收二氧化碳。如果把全国所有煤矿塌陷区

80% 的面积进行生态修复，至少能固碳 11 亿吨，若是降雨量再加大一点，还可以增加 10% 的固碳量。

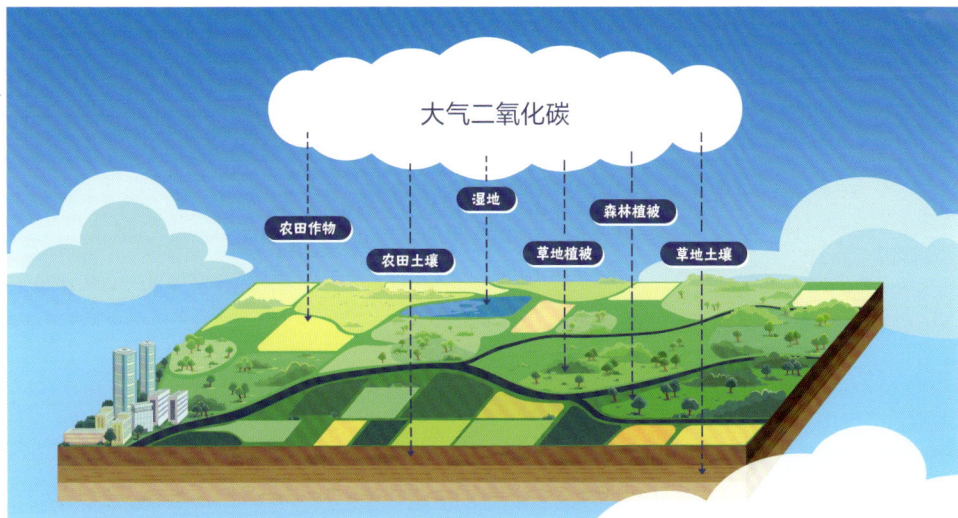

大气二氧化碳

农田作物

农田土壤

湿地

草地植被

森林植被

草地土壤

生态系统碳汇模型

生物呼吸作用，产生二氧化碳

火山活动

植物群释放

燃烧化石燃料，释放二氧化碳

大气中的二氧化碳（无机碳）

绿色植物进行光合作用，吸收二氧化碳（有机碳）

二氧化碳溶于水

碳捕集与碳储存

海洋

微生物分解动植物排泄物、生物遗体，释放出二氧化碳

数百万年前古生物遗体经长时间高温高压作用之下形成煤炭等化石燃料

碳酸盐岩石为地球上最大的碳储存库

海洋也是大的碳储存库

碳循环图

65

长江经济带废弃露天矿山生态修复，新增林地、草地等绿地面积达 170 公顷，初步估算增加年固碳能力约 1090 吨，产生了良好的生态效益、社会效益和经济效益。首先是生态效益，固碳能力的增加有助于保障整体生态系统安全、提升服务功能。其次是社会效益，整治修复有效消除地质灾害隐患，保障人民生命财产安全，营造良好的人居环境。最后是经济效益，恢复可供利用的建设用地 135 公顷，形成（恢复）耕地面积 95 公顷。

　　位于呼伦贝尔草原区的扎赉诺尔矿山，1902 年开始开采，土地早已无法利用，植物也极难生长，矿山被戏称为当地的"火焰山"。选取具有抗寒、抗旱、抗贫瘠、抗盐碱、生长快、成活率高等特点的乡土植物，对扎赉诺尔矿山进行了生态修复。修复后的矿区各种原生植物恢复生长，植物种类由最初的 10 多种增加到 70 多种，每年每公顷土地能够固碳 1.5 吨，扎赉诺尔矿山也从生态负资产变成了生态净资产。

扎赉诺尔湿地公园

第六章

塌陷区修复换新颜

"边采边复"技术：针对煤矿开采过程中导致的生态环境损伤问题，与采矿过程紧密结合，同步采取多种措施，使生态环境损伤减轻和同步治理，即边开采边修复，使其达到可供利用并与当地生态系统协调的状态。煤矿区生态环境"边采边复"是基于"源头和过程控制"的理念，而不是"末端治理"理念，其特点是在采矿过程中，同步（时）治理。"边采边复"概念中的"复"既包含狭隘的"复垦（复耕）"，也包含"修复"的概念，其核心目的是及时恢复和治理损伤的生态环境，缓解矿产资源开发利用与环境保护之间的矛盾，确保矿业活动朝着可持续、循环与绿色的方向发展。

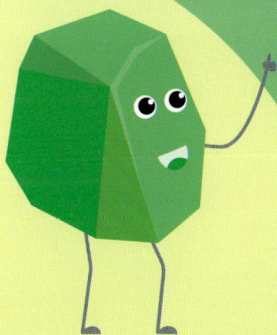

我国采煤沉陷区分布范围广，据统计，中国采煤沉陷区涉及 27 个省（区、市），目前约形成了 200 万公顷的采煤沉陷区，平均以每年约 7 万公顷的速度增加，预计到 2030 年达到 280 万公顷。部分资源型城市塌陷面积超过了城市总面积的 10%。采煤沉陷区经常发生地表塌陷、地裂缝、水土流失、房屋建筑损坏、地表积水、生态环境恶化等问题，对土地、水资源、建（构）筑物、环境造成不同程度的破坏。

采煤沉陷区的形成：煤层一般赋存在地下几十米至几百米的深处。当地下采煤层被采出后，采空区的顶板岩层在自身重力和其上覆岩层的压力作用下，产生向下的弯曲和移动。当顶板岩层内部所形成的拉张应力超过该岩层抗拉强度时，直接顶板发生破碎和断裂并相继冒落，接着上覆岩层相继向下弯曲、移动进而发生断裂和离层。随着采煤工作面向前推进，受到采动影响的岩层也不断扩大。当采煤层开采扩大到一定程度时，在地表就会形成一个比采空区大得多的近似椭圆形的塌陷盆地。

地表沉陷区

地表沉陷的形式有哪些呢?

地表移动盆地:在地下水位较高的地区,地表沉陷区内还可能常年积水,从而影响土地使用。

地表移动盆地积水

地表裂缝及台阶:在一定条件下,地表移动盆地外边缘拉伸变形区可能产生裂缝。地表裂缝的宽度可达到数百毫米,形成台阶状较大裂缝,地表两侧往往有一定落差。

地表台阶状裂缝

塌陷坑：急倾斜煤层开采时，煤层露头处附近地表呈现出严重的非连续性破坏，往往会出现漏斗状塌陷坑。缓倾斜或倾斜煤层浅部开采条件下，地表出现非连续性破坏时，也可能出现塌陷坑。

地表塌陷漏斗

多样化的沉陷区土地修复模式

采煤沉陷区的生态修复：通过自然恢复与人工措施相结合，促进退化、受损的或者遭毁坏的生态系统恢复的过程。我国采煤沉陷区的修复需根据不同地区的地理、气候、煤层赋存及开采等情况综合确定修复模式及目标，应采取因地制宜原则，宜农则农、宜渔则渔、宜建则建。一般地，根据其区域位置和积水与否进行规划：在远郊旱地区，以挖深垫浅的农业复垦为主，积水区以水产养殖为主；在城镇旱地区，以开发城镇建设用地为主，积水区以生态景观恢复建设为主，并积极发展光电能源与综合利用等新兴发展方向。主要修复模式如下。

农林复垦模式

采煤沉陷区地表大部分是郊区耕地和农田，采煤沉陷造成耕地损坏，甚至无法耕种，此种情况首要考虑保护和恢复耕地农业种植。常用的复垦方法有土地平整法、疏排法、挖深垫浅法、梯田式复垦法、充填复垦法等。

土地平整法：土地平整主要针对地表塌陷非积水区，用于消除附加坡度、地表裂缝以及波浪式下沉等影响特征。

沉陷区平整修复为耕地和林地

疏排法：当复垦区为农用地时，要求防止外围地表径流或洪水侵入，排除塌陷区内积水和降低地下潜水位。疏排法复垦是解决高潜水位矿区塌陷地大面积积水问题的有效办法。

挖深垫浅法：用于沉陷较深，有积水的高、中潜水位地区，且水质适宜水产养殖。将塌陷区在季节性积水较深区域在旱季进行挖深取土，并将土填在塌陷较浅的区域，然后将较浅区域复垦为耕地，较深区域就势建塘养鱼，塘边坡地栽树种草，这是一种工程技术方法。

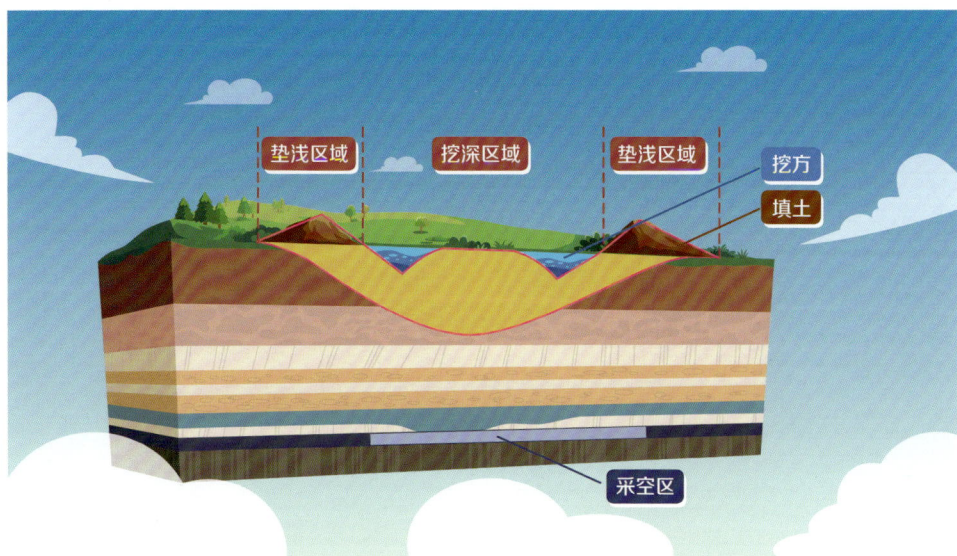

地形改造与分区重构模型①

梯田式复垦法：用于地处丘陵山区的塌陷盆地，或中低潜水位矿区开采沉陷后地表坡度较大的情况。

充填复垦法：主要是利用矸石回填、粉煤灰回填及其他固体废弃物或客土回填，平整土地后进行农业种植。农业耕种条件不好的地段也可以发展林业种植。

水产养殖和水库蓄水模式

对于潜水位高的地区，采煤沉陷区多长期积水，且水源充足、水质良好，此种情况可发展养鱼、养鸭、鱼鸭混养或者水产加工等养殖业，合理配置，综合开发。

河南省永城市已修整鱼池 333 万平方米，其中高产养殖利用水面 246 万平方米，商品鱼产量 5000 吨。

---

① 刘辉，朱晓峻，程桦，等. 高潜水位采煤沉陷区人居环境与生态重构关键技术——以安徽淮北绿金湖为例. 煤炭学报，2021，46（12）：4021-4032.

复垦成标准鱼塘

对于采煤沉陷区地表积水严重的区域，淮南市计划将采煤沉陷区及沿淮洼地作为引江济淮末端调蓄水库，提升区域防洪、供水能力。

城镇建设模式

对于一些煤炭城市来说，城市周边就分布有大量煤矿，在城郊形成大面积的采煤沉陷区。随着新型城镇化建设的实施，一方面城镇建设用地紧张，另一方面采煤矿区也面临着经济转型发展的需要、村庄或棚户区搬迁选址建设的难题，因此将采煤沉陷区开发为建设用地是缓解城镇化建设、加快煤炭城市转型建设发展的有效途径。

淮北矿业（集团）有限责任公司在相城煤矿七采区三十多年的采煤沉陷区上方建设了百米超高层的办公中心大楼。

　　鸡西市城子河区在采煤沉陷区进行小区建设，建成了许多抗变形的框架结构厂房和居民楼。

相成煤矿七采区沉陷区上建设的淮北矿业集团办公中心大楼

鸡西市城子河区招待所综合楼

生态建设模式

　　生态建设模式改变了过去只重视农林复垦利用，创新了综合再生利用复垦模式。常见的有观光农业利用、工业旅游和生态旅游开发、其他休闲旅游开发利用模式。

　　唐山南湖景区将开滦煤矿一百三十多年开采形成的采煤沉陷区建设成为包括南湖国家城市湿地公园、地震遗址公园、南湖运动绿地、国家体育休闲基地等集生态保护、旅游度假、休闲娱乐的城市中央生态公园。

唐山南湖公园景区

新能源综合产业模式　　主要包括采煤沉陷区风力发电、光伏发电以及农光互补、渔光互补等多种新能源综合产业模式。在采煤沉陷区不积水、风能和阳光充足地区，可发展为风力发电和光伏发电基地。

山东省新泰市利用采煤沉陷区土地 79.92 平方千米建设了首个农光互补模式的 200 兆瓦光伏发电示范基地。使采煤沉陷区由"包袱"变"财富"，主导产业布局由"地下"转到"地上"，发展方式由"黑色"变成"绿色"，让资源型城市实现转型。将资源型城市与光伏产业发展、采煤沉陷区土地开发利用有机结合，采用农光互补模式，在采煤沉陷区上进行光伏发电、设施农业，为资源型城市转型蹚出一条新路子。

利用采煤沉陷区建设的光伏发电示范基地

昔日采煤塌陷区、今日生态黄金地

　　神东矿区对 732 平方千米面积进行生态修复，营造经济林 300 平方千米，利用矿井水灌溉。三十多年来，矿区试验推广了水瓶造林法、带状沙障造林法等，在巴图塔建成 4 万亩沙柳林基地；通过创新沉陷区生态恢复与建设技术，改变了植物种群数量和质量。神东矿区经过多年的治理保护与修复，在以沙棘为重点种植作物的基础上，全面开展了长柄扁桃、欧李、饲料桑等经济林的试验、示范和推广。目前，神东矿区在采煤沉陷区已栽植沙棘 100 平方千米、500 多万株，矿区生态不仅没有因大规模开发造成环境破坏，而且原有的脆弱生态环境还得到了改善。

沙漠矿区变绿洲

采煤沉陷区变身城市花园

　　潘安湖国家湿地公园位于江苏省徐州市贾汪区西南部，原来是徐州市最大的采煤塌陷区。这里曾是"雨天一身泥，晴天一身灰""荒草丛生，坑塘遍野"，生态环境破坏极为严重。

　　以煤炭塌陷地复垦为平台，实施了集"基本农田整理、采煤塌陷区复垦、生态环境修复、湿地观光旅游"于一体的生态修复，变"地球伤疤"为"宜游花园"，变"裸岩秃山"为"森林氧吧"，变"黑臭水体"为"水韵泉城"。如今的潘安湖国家湿地公园，一碧万顷，秀色天成，是徐州市的后花园和"绿肺"，更是国家 4A 级旅游景区。从历经风霜的采煤塌陷区成为今天年均接待国内外游客两百万人次的生态湿地公园，真正实现了化腐朽为神奇，取得了良好的社会效益、经济效益、生态效益，成为徐州市"一城青山半城湖"生态格局的重要组成部分。

治理前的地面塌陷坑

湿地公园

昔日采煤塌陷区蝶变为新能源基地

安徽省淮北市积极发展"渔光互补"，利用采煤塌陷区水域建设漂浮式光伏发电站，实现储水灌溉、光伏发电和渔业养殖的综合利用，有效改善了水质，既不占用土地资源又科学利用水面发展绿色清洁能源，提高了经济效益。在安徽省淮北市濉溪县南坪镇采煤塌陷区水域上，总装机容量为60兆瓦的水上漂浮式光伏发电站初步建成并陆续并网发电。

基于特殊的资源禀赋和国家发展战略，山西省大同市长期以来是国家重要的能源供应基地，1949年以来为国家贡献了30多亿吨动力煤，为首都送电3000亿千瓦时以上，为保障国家能源安全做出了巨大贡献，但同时这个城市也付出了沉重代价。长期以来高强度的煤炭开采，使得大同市12%的面积被称为采煤沉陷区，一部分村落沦为"空心村"。

漂浮在水上的光伏电池板

大同地处山西最北部，不仅太阳能资源丰富，而且强大的华北电网为大同市发展新能源提供了电网支撑。于是，大同市创造性地提出了在采煤沉陷区建光伏基地的设想，在新能源发展过程中，把光伏电站的建设与采煤沉陷区生态环境治理紧密结合起来，打造成了全国光伏新技术的示范地、实践地和聚集地。

采煤沉陷区建成的光伏基地

采煤塌陷区塑造自然生态草原

红柳林矿区位于陕北黄土高原北部，毛乌素沙漠南缘，距离神木市 20 千米，2010 年初通过国家竣工验收正式投产。塌陷区域分为南北两个部分。北部区域面积约为 11848 亩（7898666.67 平方千米），北区地势较为平坦，土壤条件良好，原有植被覆地性良好，但由于当地降水量较少，植被缺乏多样性，草原景观效果欠缺。塌陷区修复以自然封育为主，人工干预为辅的生态策略修复草原本底，塑造以生物多样性为特质的草原风貌，营造绿色可持续的自然生态草原，形成"一带三区多组团"。

一带：以生态砂石路为景观纽带，串联整个北一盘区；

三区：在北一盘区内，根据现场踏勘后，划分了三大功能区，分别为：草原核心区、草原修复区及红柳林抚育区。

多组团：围绕北一盘区，植入各类业态、文化元素、服务节点，片区间功能复合衔接，形成链式循环的架构。

红柳林采煤塌陷区

规划结构
PLANNING STRATEGY

III

红柳林抚育区

II

草原修复区

I

草原核心区

III

红柳林抚育区

"一带三区多组团"规划

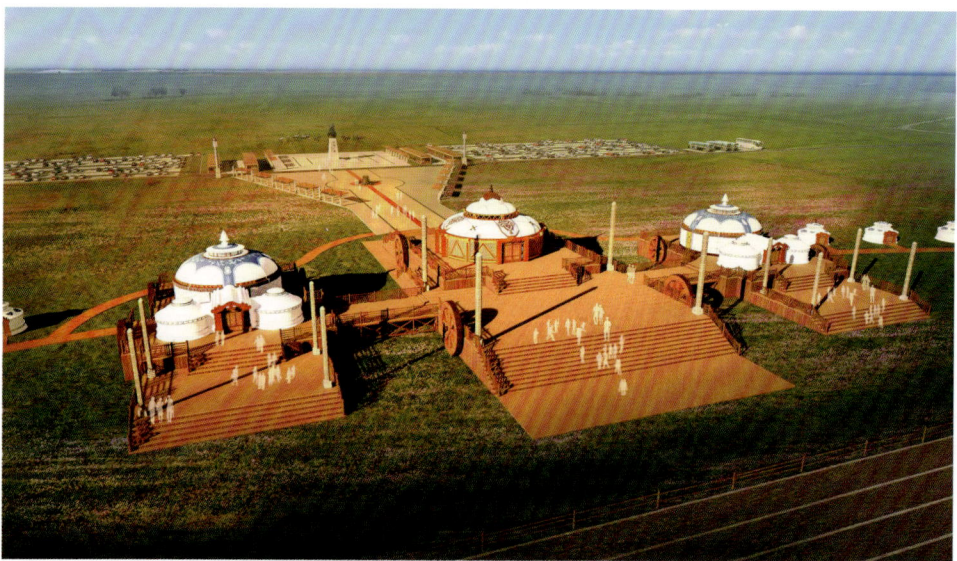

自然生态草原效果

第七章

矿区土壤重构
还生物之源

　　什么是土壤？土壤在地壳上位于岩石圈的最表层，它覆盖在大陆外层，形成土壤圈。土壤位于岩石圈、大气圈、生物圈和水圈的交界范围内，与其他圈层相依为命和相互作用。土壤由固态、液态和气态物质组成。固态物质包括矿物质、有机质和微生物，约占土壤体积的 50%；液态物质由水分构成，占 20% ～ 30%；气态物质存在于未被水分占据的土壤孔隙中，占 20% ～ 30%。

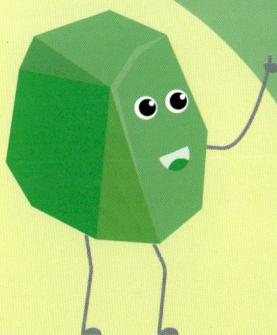

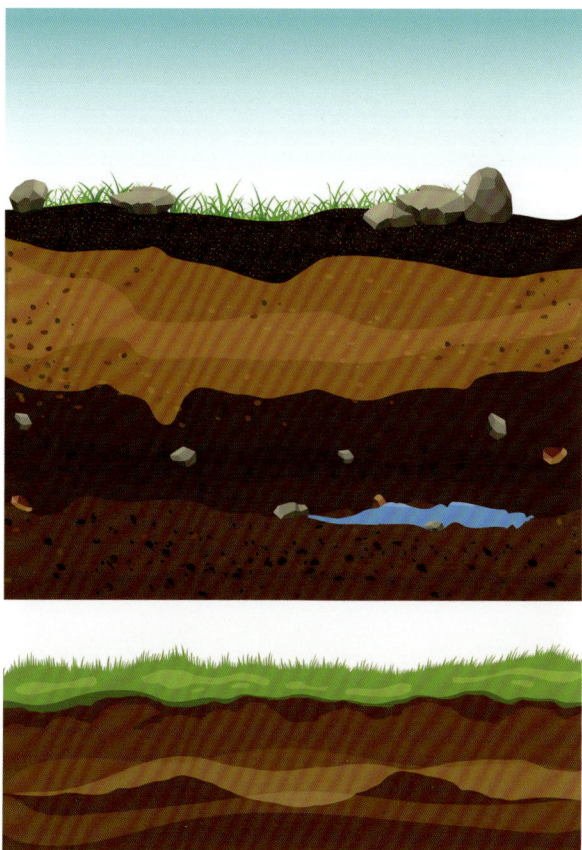

土壤层剖面

矿区土壤重构有多重要

我国土地资源的特点是"一多三少"，即总量多，人均耕地少，高质量的耕地少，可开发后备资源少。十分珍惜、合理利用土地和切实保护耕地是我国的基本国策。2023 年 6 月 25 日，第 33 个全国土地日主题确定为："节约集约用地，严守耕地红线"。习近平总书记在 2022 年 12 月的中央农村工作会议上指出："要坚决守住 18 亿亩耕地红线，坚决遏制'非农化'，有效防止'非粮化'"。

常言道："民以食为天，食以土为本"，没有土壤，就没有

土壤与植物

食物，没有健康的土壤，就没有健康的食物，没有健康的食物，就没有我们健康的身体，没有健康的身体一切都是零！

矿产资源大都深藏于地下，矿产资源的开采不可避免地造成土地的破坏，包括采矿场破坏土地、废渣堆放破坏土地、地面塌陷破坏土地，矿山对土地的破坏存在于矿产资源开发的各个环节。矿山开采造成生态破坏的关键是土地退化，也就是土壤因子的改变，即废弃地土壤理化性质变坏、养分丢失及土壤中有毒有害物质的增加。因此，土壤重构是矿山废弃地生态恢复最重要的环节之一。

俗话说："换土如换金"，良好的土壤环境是生态重构的基础。习近平主席曾说"人不负青山，青山定不负人""绿水青山就是金山银山"。矿区良好生态环境既是自然财富，也是经济财富，土壤重构和生态重构不仅能有效再利用因采矿而破坏的土地，而且有利于生态环境的恢复和改善，是实现矿区经济绿色发展的必经之路。

土壤重构的重要性

土壤微生物（图片来自联合国粮食及农业组织）

让土壤焕发生机的矿区土壤重构技术

　　土壤重构技术是以矿区破坏土地的土壤恢复或重建为目的，采取适当的重构技术工艺，应用工程措施及物理、化学、生物、生态措施，重新构造一个适宜的土壤剖面在较短时间内恢复和提高重构土壤的生产力，并改善重构土壤的环境质量。

土壤物理重构技术

土壤物理重构法是最通用的土壤重构技术，广泛应用于各种污染土壤情况。根据不同土壤质地、通透性和污染物类型，以及具体的重构后土壤可再利用价值，可以选择不同的土壤重构方法，在成本一定的情况，达到良好的土壤重构效果。土壤物理重构技术有以下几种：直接换土法、热化重构法、玻璃化重构法、电极驱动重构法。

土壤物理化学修复技术是指，利用土壤和污染物之间的物理／化学性质，破坏（如改变化学性质）、分离或固化污染物的技术。主要包括挖掘、围堵、隔离、固化稳定化、电动力学修复、土壤清洗、溶剂萃取、多相萃取、土壤气相抽提、化学氧化、化学氧化还原以及脱卤等。土壤物理化学修复技术具有实施周期短、可用于处理各种污染物的优点。

直接换土法是用未受到污染的土壤替换已经受到污染的土壤。换土法主要的工艺有直接全部换土、地下土置换表层土、部分换土法、覆盖新土降低土壤污染物浓度法。通过实地考察，根据实际情况单一选择一种换土法或者多种换土法综合使用等，一般可以很快达到土壤重构的目的。

热化重构法是通过直接加热、水蒸气加热、红外线加热、微波辐射加热等方式将土壤加热到一定的温度，土壤中可挥发性的污染物会迅速气化，再将这些可挥发性污染物收集，就可以降低土壤中污染物的浓度。热化法能耗高，要求土壤渗透性高，只适用于可挥发性好的土壤污染物。一般也只用于快速重构土壤，如医院、池塘、花园、科研单位等地方的土壤。

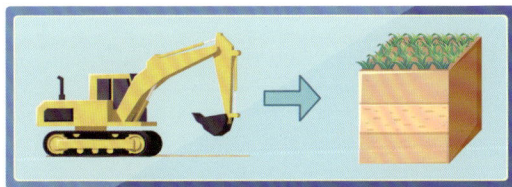

直接换土复垦

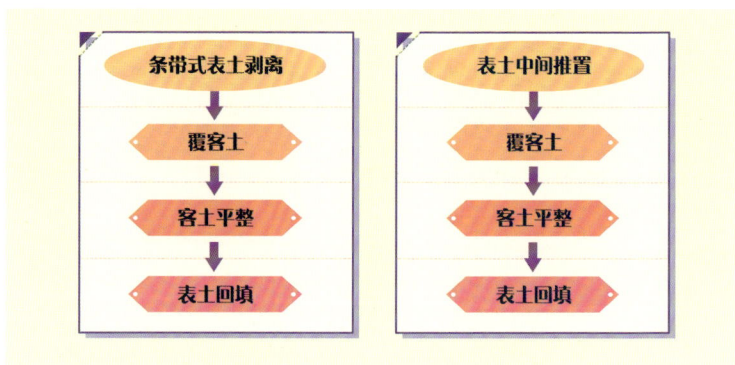

客土改良工艺[1]

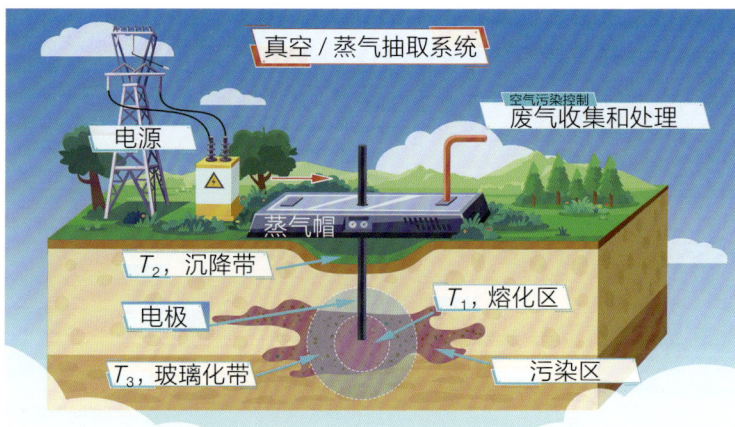

污染土壤的热处理工艺

玻璃化重构法是通过高温高压将土壤中污染物塑化成玻璃态，再通过一定的物理方法分离玻璃态物质。这种方法需要高温高压，需要消耗较大的能源，成本较高，不适合大规模土壤重构工程项目。但是该方法效率最高，重构土壤中污染物广泛度也高。

---

① Vidonish J E, Zygourakis K, Masiello CA, et al. Thermal Treatment of Hydrocarbon-Impacted Soils: A Review of Technology Innovation for Sustainable Remediation. *Engineering*, 2016, 2（4）: 426-437.

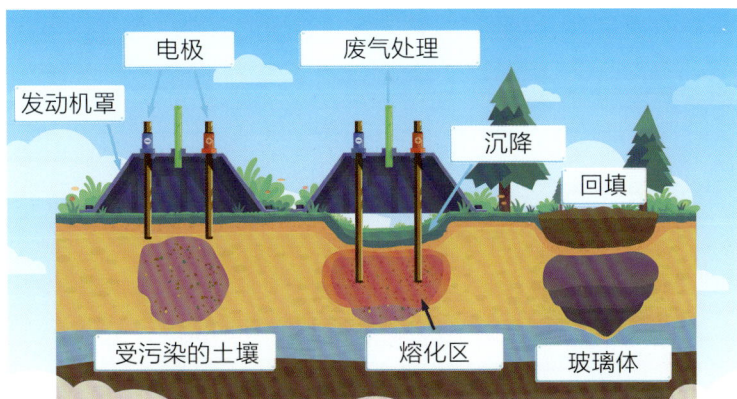

电极	废气处理
发动机罩	沉降
	回填
受污染的土壤	熔化区	玻璃体

玻璃化重构法

电极驱动重构法适用于湿度较高的土壤，尤其是淤泥，通过两极通电技术，可以把土壤中的污染物集中在一极，提高单极的污染物浓度。简单来说就是缩小土壤重构范围，降低工程量。这种方法需要耗费电能，成本也不低，而且具有一定的危险性。

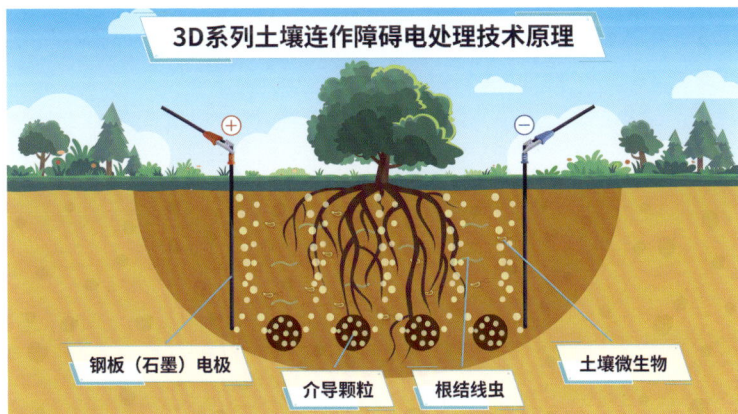

3D系列土壤连作障碍电处理技术原理

钢板（石墨）电极　　介导颗粒　　根结线虫　　土壤微生物

3D 系列土壤连作障碍电处理技术

地下水抽出处理技术：根据地下水污染范围，在污染场地布设一定数量的抽水井，通过水泵和水井将污染地下水抽取至地面进行处理。该技术适用于污染地下水，可处理多种污染物，不适用于吸附能力较强的污染物及渗透性较差或存在非水相液体的含水层。

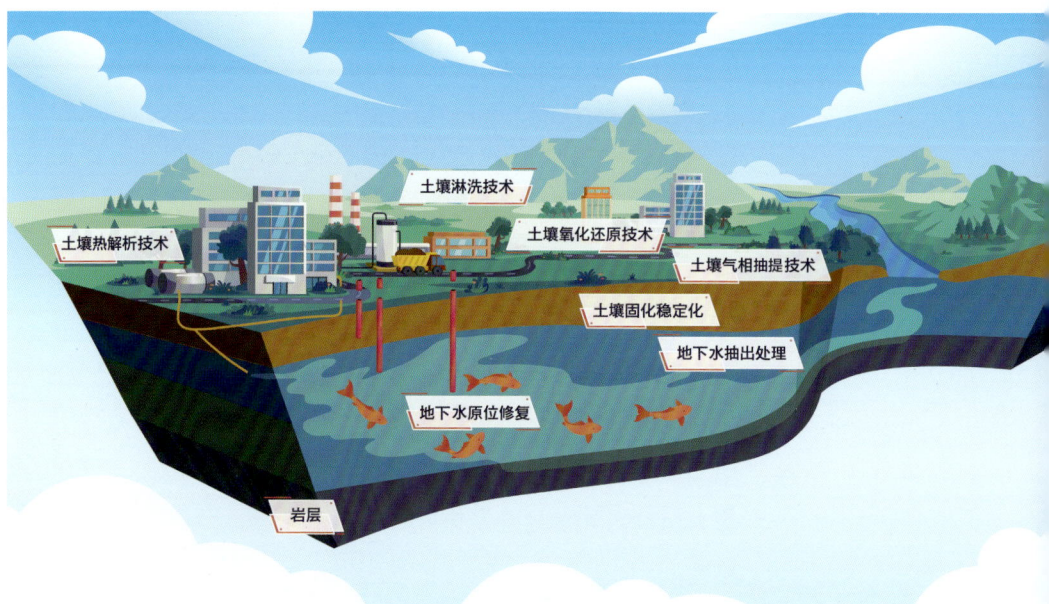

地下水抽出处理技术

土壤化学重构技术

土壤化学重构技术是通过化学重构剂与污染物发生氧化、还原、吸附、沉淀、聚合、络合等反应，使污染物从土壤中分离、降解、转化或稳定成低毒、无毒、无害等形式或形成沉淀除去。化学重构剂与污染物的相互作用能有效降低土壤中污染物的迁移性和被植物吸收的可能性，避免其进入生态循环系统。

土壤化学重构技术主要包括土壤性能改良技术、化学氧化还原修复与还原脱氯技术、化学淋洗修复技术、化学固化/稳定化技术等。

土壤性能改良技术的原理是使污染物转变为难迁移、低活性物质或从土壤中去除。可以通过施用改良剂和改变土壤的氧化还原电位两种方式改良土壤的性能。该技术主要是针对重金属，又称为重金属的钝化，在轻度污染的土壤上应用十分有效。根据污染物在土壤中的存在特性，可以向土壤中添加石灰性物质、有机物及黏土矿物、离子拮抗剂等改良剂来改良土壤的性能，修复被重金属污染的土壤。土壤中重金属的迁移行为和土壤的氧化还原电位密切相关。一般土壤中多种重金属元素在还原条件下，随淹水时间延长，与产生的硫化氢结合成难溶的硫化物沉淀，因此可采用淹水栽培和向水中施用促进还原的物质及提供硫化氢来源的方法，降低重金属的活性，降低其毒害作用。

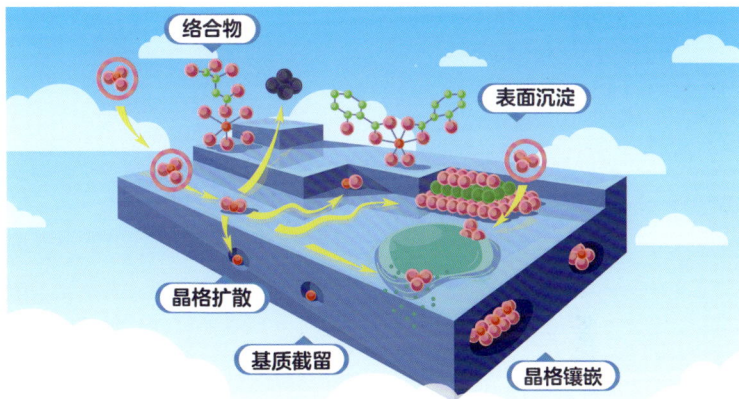

土壤稳定化（钝化）修复技术

化学氧化还原修复和还原脱氯技术是通过在污染区设置不同深度的钻井，然后通过钻井中的泵将化学氧化剂注入土壤中，使氧化剂与污染物产生氧化反应，达到使污染物降解或转化为低毒、低迁移性产物的一项土壤原位修复技术。常用的氧化剂有过氧化氢（H_2O_2）、锰酸钾（K_2MnO_4）和气态臭氧（O_3），该类修复技术一般由注射井、抽提井和氧化剂三部分组成。该技术主要用于治理在土壤中污染期长和难生物降解的污染物，如油类、有机溶剂、多环芳烃、五氯苯酚、农药以及非水溶态氯化物（如三氯乙烯）等。

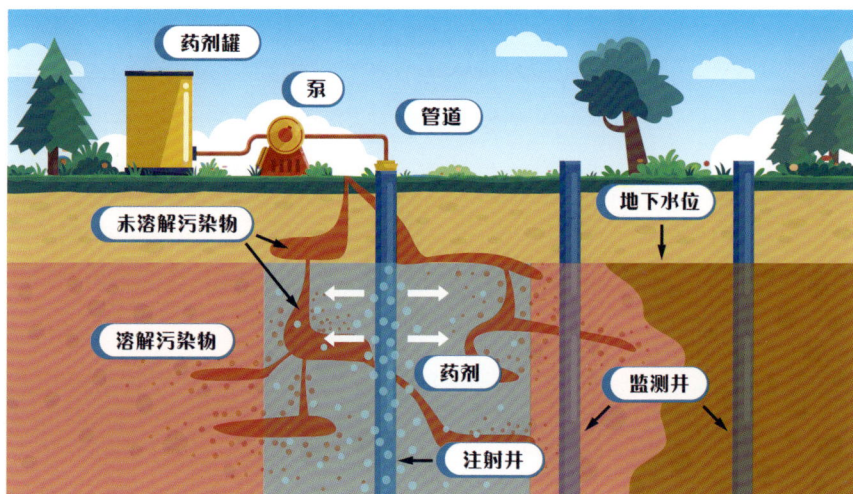

原位化学氧化 / 还原技术

化学淋洗修复技术是利用水力压头推动清洗液通过污染土壤从而将污染物从土壤中清洗出去，然后对含有污染物的清洗液进行分离处理。该技术适用于砂壤等渗透系数大的土壤，且引入的清洗剂易造成二次污染。该技术适用范围广泛，包括重金属、芳烃、石油类、卤代试剂、多氯联苯、氯代苯酚和农药等污染物。

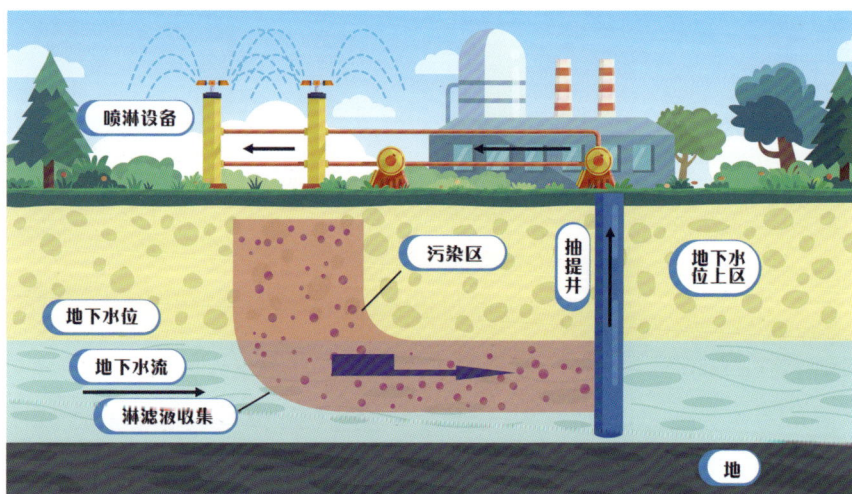

原位化学淋洗修复

化学固化/稳定化技术是土壤重构主要的方法。化学固化/稳定化技术指运用物理或化学的方法将土壤中的重金属固定起来，或者将重金属转化成化学性质不活泼的形态，阻止其在环境中迁移、扩散等过程，从而降低重金属的危害程度的修复技术。该技术适用于多种土壤污染类型。

土壤修复的化学固化/稳定化技术

土壤生物重构技术

广义的土壤生物重构技术是指一切以利用生物为主体的土壤污染治理技术，包括利用植物、动物和微生物吸收、降解、转化土壤中的污染物，使污染物的浓度降低到可接受的水平，或将有毒有害的污染物转化为无毒无害的物质，也包括将污染物固定或稳定，以减少其向周围环境的扩散。狭义的土壤生物重构技术，是指通过酵母菌、真菌、细菌等微生物的作用清除土壤中的污染物，或者使污染物无害化的过程。

土壤植物修复技术，根据植物可耐受或超积累某些特定化合物的特性，利用绿色植物及其共生微生物提取、转移、吸收、分解、转化或固定土壤中的有机或无机污染物，把污染物从土壤中去除，从而达到移除、削减或稳定污染物，或降低污染物毒性等目的。

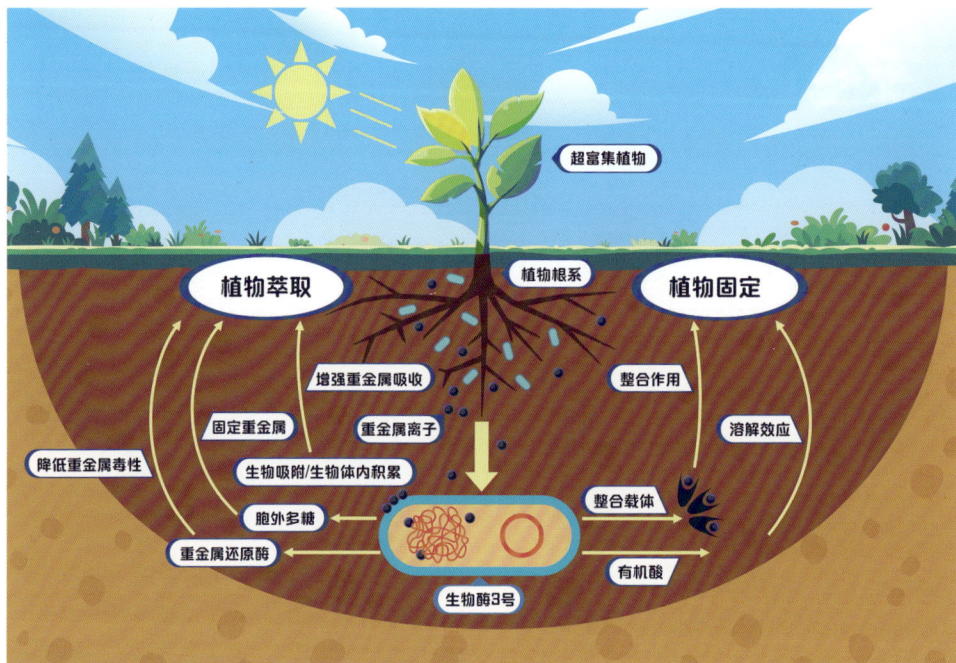

土壤生物重构技术

土壤植物修复

土壤动物修复技术，通过土壤动物直接地吸收、转化和分解或间接地改善土壤理化性质，提高土壤肥力，促进植物和微生物的生长等作用，从而达到修复土壤目的的技术。

土壤微生物修复技术，利用土著微生物或人工驯化的具有特定功能的微生物，在适宜环境条件下，通过自身的代谢作用，降低有害污染物活性或降解成无害物质的修复技术。

土壤动物修复

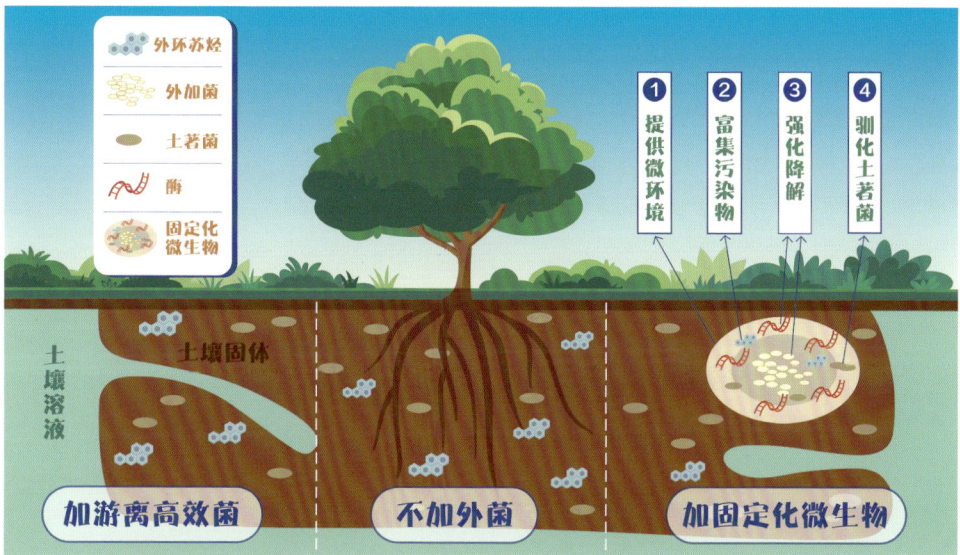

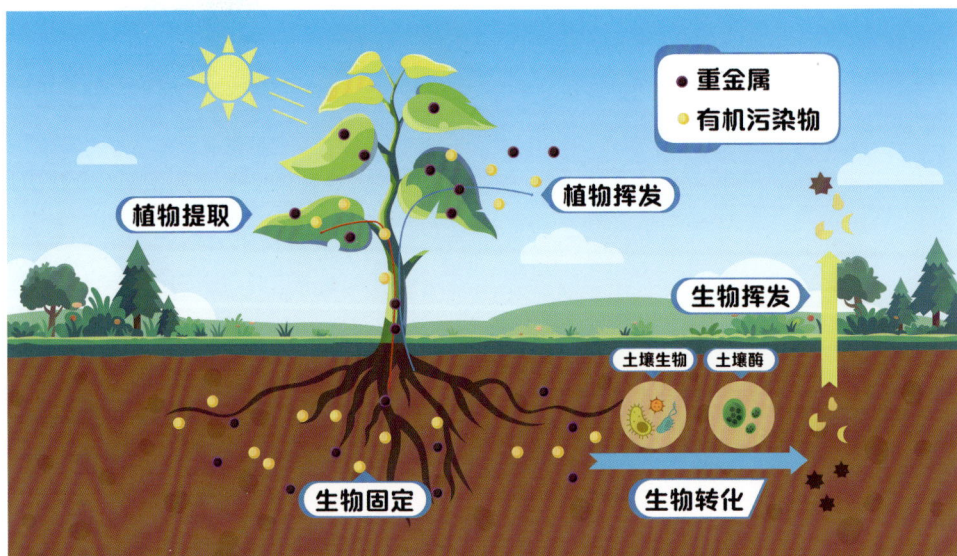

土壤微生物修复

矿区土壤重构分类多样性

农业土壤重构

农业土壤重构是指土壤重构后进行农作物种植，对土壤层要求较高，要求具备一定的水利条件，工程重构后需进一步开展生物重构措施，从而提升土壤肥力。土壤重构应当坚持科学规划、因地制宜、综合治理、经济可行、合理利用的原则。

林业土壤重构

林业土壤重构是指土壤重构后种植乔灌木，对土壤层要求较低，对特定恶劣立地条件有较强的适应性，可以有效分解重构土壤中的有害元素，从而达到净化土壤的目的。以恢复植被和打造林业矿区景观为主，选择原有的植物品种为宜，林业土壤重构必须遵循与林地条件相适应的布局，选择有价值并适合生存的乡土建群种或优势树种，实现"荒漠变绿洲"。

草地土壤重构

草地土壤重构通常与林业重构相结合使用。一般情况下，矿区土壤重构以农业和林业土壤重构为主，主要目的是把原来光秃秃的山头变成为绿油油的青山。

木里矿区草地土壤重构

在人们的传统印象里，煤矿总被贴上"黑脏乱差""煤尘飞扬"的标签。然而，走进陕西小保当矿业有限公司，眼前的一切颠覆了人们的传统认知，这里空气中没有扬尘、地面没有煤污，矿区内郁郁葱葱，风景如画。

陕西小保当矿业有限公司采用耕地耕植土剥离、平整、耕作层地力等方式对轻度沉陷区耕地进行恢复，并种植具有环保效益的经济林、生态林、绿化带，使脆弱的生态环境得到有效改善。同时，对采煤沉陷的公路、农田进行修复，对输电线路进行维修加固，保证当地居民生产生活安全和交通便利，实现居民、企业和政府"三方共赢"。截至目前，矿区共栽植乔木9798 棵、灌木 145751 平方米、花卉 5591 平方米，寸草不生的沙漠荒滩变得生机盎然。

从荒滩戈壁到满目青翠，再到绿色生态发展，位于毛乌素沙漠中的小保当煤矿打造成了煤海中的"塞罕坝"，公司全体员工的幸福感、满足感、获得感也在不断增强。

打造煤海塞罕坝

微生物技术丰富矿区植物种群

神东矿区属于北方典型的干旱少雨气候，沙漠地质。煤炭开采造成土地塌陷，地表土壤结构破坏、肥力降低，植物根系损伤，生态环境难以恢复。

然而，令人惊叹的是，这里的植物却长势喜人。

原来，神东矿区土壤的干旱、贫瘠和裂缝伤根等问题主要靠的是微生物修复。中国矿业大学毕银丽教授的团队研究出了一种能促进植物生长的生物菌。这个菌丝的分枝能力很强，它不像普通的根，一条根拉断以后就没法再生存了。它能刺激自身的另外一侧再生出多的根系，这样植物的根即便是被拉断了也可以成活。

同时，为了寻找与沙漠植物相匹配的微生物，科研人员从近百种微生物中采集样本，从中分离出具有针对性的超级微生物，然后将超级微生物和植物进行接种，使其形成一种共生关系。接种菌根微生物后，运输水分和养分的速度是一般根系的10倍以上，吸收水分和养分的能力增强，吸收范围和吸收面积更大，植物生长得更快，加之接菌后菌丝具有自我伤愈功能，更增强拉伤根系的修复功能，进而增强植物的生命力。

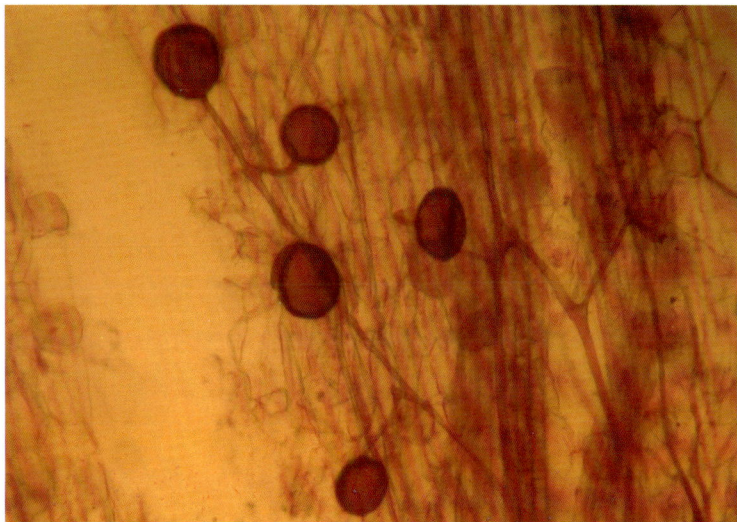

微生物菌的形态

裂缝区接菌植物生长良好

　　与此同时，超级微生物在土壤修复方面也有其独到的用途。微生物复垦技术中加入了本地采集的菌，对本地气候、土壤环境都很熟悉，适应性强，这就使得它可以与本地植物形成密切的生态系统。在一个系统下，菌丝通过分泌出有机酸，把土壤中原来无效的矿物元素变成有效元素，将母质中不可被植物直接利用的养分变成可以被植物吸收利用的养分，大大提高了土壤修复效率。

　　据统计，神东矿区微生物复垦基地植物成活率和植株生长量分别提高了 10% 以上，在实验区 0.7 平方千米的土地上，种植着紫穗、樟子松、文冠果、沙棘等多种植物，这里已经展现出了勃勃生机。经过多年的治理保护与修复，这里的植物种群由原来的 16 种增加到现在的近 100 种，微生物和动物种群也大幅增加，矿区植被覆盖率由 3% ～ 11% 增加到了 80%。

第八章

植被修复与景观设计再造绿水青山

• 知识小贴士 •

矿山修复的发展历程：矿山修复 1.0 时代，传统复绿术；矿山修复 2.0 时代，矿山喷播术；矿山修复 3.0 时代，边坡绿化术；矿山修复 4.0 时代，数字化修复术。

数字化修复：美国和澳大利亚等发达国家率先将现代"3S"技术（遥感、全球定位系统、地理信息系统）应用到矿山修复中。数字化修复技术可全面及时掌握修复矿山的生态环境质量现状以及动态变化等大数据信息，依据修复地的监测数据和土地利用、土地覆盖等遥感解译信息数据，进行生态环境监测数据管理、评价。

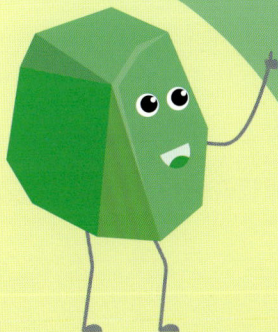

植被修复：按照生态学规律，利用植物自然演替、人工种植或两者兼顾，使受到人为破坏、污染或自然毁损而产生的生态脆弱矿区重新建立植物群落并恢复生态功能的技术领域，是矿区生态修复重建极其重要的环节之一。通过利用不同植物吸收、富集、固定、降解土壤和水体（包括地下水）中的污染物并减少或避免水土流失，同时通过植物的生长增加植被覆盖率，从而达到生态恢复。植被修复将是改良受毁损区域的生态功能、恢复矿区景观和生产潜力的最有效手段，其最终目标是使人类活动与区域生态系统达到相对平衡，促进农业生产、生态建设与人类生活的协调和可持续发展。

矿区植被修复：是依据生态学理论和原理，集成环境工程技术、生物技术和栽培技术等多元技术，从基质改良、植被恢复、地表土质演变和植物演替等方面，对矿区环境进行改良和恢复。

矿区植被修复应综合采取工程手段以蓄水固沙或固土，再通过生物手段治理以增加土壤有机质、微生物及地表植被，筛选耐性或抗性高的植物（先锋植物），在先锋植物生长的基础上建立次生植物群落（伴生植物、优势种群、亚优势种群），从而再造生态景观，使矿区逐步恢复为林地、果园和耕地。

矿区植被修复主要包括塌陷地植被重建、排矸场植被重建、排土场植被重建、露天采场植被重建、工业场地植被重建。

沉陷地植被重建：塌陷地生态修复适生的植被可通过自然筛选、试种筛选、引种筛选相结合的方式确定，也可根据矿区生态修复实践以及植物试验研究成果，选用根系发达、固土和固氮效果好且生长快、周期长、枝繁叶茂的塌陷地适宜植被，进行不同立地类型和条件的植物配置、栽植及管护。塌陷地植被重建应以自然恢复和人工干预相结合的方式，最大限度地发挥自然恢复的功能；应选用合适的植被配备模式进行不同立地类型的植物配置，应使群落中的乔木、灌木和草本植物协调生长，植物的年龄和高矮差别布设，提高植物的成活率和土壤养护能力。湿地植被配置应以水生植物和景观植物为重点，适度增加植物品种完善植物群落，注重生态功能的完整性，并体现植物的视觉和景观效果。应使群落中的乔灌草植物协调生长，加强植物多样性重组和保育。

沉陷区植被重建

排矸场植被重建：排矸场应选择抗性强的乡土植物，种植的种类和数量应根据排矸场可供水量和覆土状况确定。排矸场乔木宜移栽坑种，最好能用土壤填坑，无覆土时可用细碎的矸石风化物填坑，并进行带土移栽。

排土场植被重建：坡面应覆土种植，在遇到岩石、砂等边坡时，应客土种植。植被品种应选择当地先锋植物，并加强相应管护措施。平台植被配置模式应以环境美化、防止粉尘污染、防风固沙、保护性耕作等功能为主。边坡植被配置模式应利于控制边坡土壤侵蚀、坡面泥流等风险的发生。

露天采场植被重建：统筹考虑露天采场规模、地质稳定性、当地气候等条件，在消除地质灾害隐患的基础上，通过采场地形整理和表层覆土后引种林草植被，或进行地形整理后自然形

辛安矿黑色矸石身披"绿装"

露天矿排土场植被修复

成水体景观；边帮进行梯级修整后植被绿化，采矿平台和运输道路覆土后恢复植被。靠近城市的露天采场应积极开展矿坑城市湿地功能建设，开发为人工湖、公园、水域观赏区等。要有景观效果并与区域自然环境协调，促进矿区湿地景观建设、湿地水维系、湿地水质修复、植被景观构建。

工业场地植被重建：采取疏松土层、合理配置表层、改善植被生长的水土条件等措施，依据修复方向引种适合本地的林草植被。植被配置模式应以景观美化、保持水土、体现当地文化等功能为主。

矿坑修复为矿山公园

绿色工业场地

矿区景观再生设计

景观设计：是指风景与园林的规划设计，它的要素包括自然景观要素和人工景观要素。自然景观要素主要是指自然风景，如大小山丘、古树名木、石头、河流、湖泊、海洋等。人工景观要素主要有文物古迹、文化遗址、园林绿化、艺术小品、商贸集市、建构筑物、广场等。

矿山废弃地景观再生设计：是将实现矿山废弃地生态恢复与景观重建相结合，在矿区工业遗存的基础上，运用景观设计手段，通过开敞空间环境重塑，使矿山废弃地得以重新利用。同时成为具有一定公共设施、一定规模自然生态基底和人文内涵、秉承矿业景观特色的多重含义的城市公共空间。

景观设计技术与模式

环保技术	景观设计
人居环境提升 供水工程、排水工程、综合管廊、基础设施建设	**园林景观** 城市广场、城市景区、园博园、校园景观、住宅景观、商业景观、厂区办公区、市政道路
工业废水治理 有机废水处理工程、无机废水处理工程、重金属废水处理工程、中水回用工程	**区域面貌** 郊野公园、矿山公园、棕地公园
固废处理 城市污泥、河道淤泥、禽畜粪便、餐厨垃圾、工业危废、油泥	**建筑风情** 建筑设施、环境艺术、公共艺术、视觉传媒、室内设计
生态环境修复 工业场地修复、盐碱地修复、矿山修复、黑臭水体修复、流域治理、湿地净化、生态涵养区建设	**经济综合体** 特色小镇、田园综合体、康养综合体、文旅综合体、体育赛事综合体、产业新城
海洋环境保护 船舶烟气治理、海水淡化、岛屿生态建设	**经济生态圈／带** 黄河生态带、长江生态带、滇池生态圈、太湖生态圈、海滨生态带

矿区景观设计模式包含主题性景观公园、文化创意园区、工业博物馆、综合性旅游区等模式。

矿山景观设计

边坡植被重建技术有哪些？

边坡植被重建技术

边坡植被重建技术主要包括：客土喷播技术、三维植被网喷播技术、无土生态草毯铺设、植被混凝土护坡技术、厚层基材喷播技术、植生袋生态重建技术。

客土喷播技术是将土壤、有机肥料、保水剂、酸碱调节剂、适宜的植物种子等混合均匀后，借助柱塞泵和空气压缩机提供的动力将上述混合物喷射到岩体或土体坡面上形成植物生长的土壤层。主要适用于硬土质边坡、风化的岩质边坡、软岩边坡等，对裂隙发育的岩质边坡生态防护效果尤为明显。

施工前　　　　　　　　　　　　施工后

某高度边坡客土喷播施工前后对比

　　三维植被网喷播技术是利用活性植物并结合土工合成材料，在坡面构建具有自身生长能力的生态防护系统，通过植物生长对边坡进行加固的一门技术。

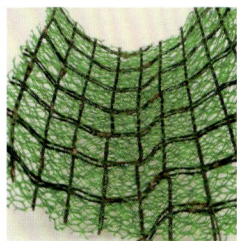

三维植被网喷播技术

　　无土生态草毯铺设是以麦田秸秆、菌棒、木屑、猪粪等作为基质，播撒草籽、有机肥等经过培育制成的无土草皮。

无土生态草毯技术

　　植被混凝土护坡技术是将土壤（主要是工程区附近的沙壤土）、胶凝材料（主要是低碱度水泥）、保水剂、草本及灌木种子、水等按适宜的比例混合后配制混凝土拌合物。

植被混凝土护坡技术

　　厚层基材喷播技术是利用空气压缩机和混喷机械组成的喷播系统，将混有适宜植物种子的种植基质喷射到需进行生态修复的边坡坡面上。

厚层基材喷播技术原理

厚层基材喷播技术

植生袋生态重建技术是目前高速公路、露天矿岩质边坡及矸石山生态恢复与重建的重要技术之一，主要由培养土、植物种子和可降解的包装袋组成。

在护坡植被的选择上，应注重植物多样性，一般以乔木为主，结合灌木、藤本、地被、花卉构建植被群落。在植物的选择上，应优先考虑根系发达、分生力强、抗性强、耐瘠薄的植物。植物根系的好坏直接关系到固土能力。地下生长量越大，根系分布越深，保持水土能力越强，植物的抗逆性也越强。较强的分生能力可以增加覆盖度，降低土壤裸露，降低降水的侵蚀能力。但是植物不能过高，生长不能太快，否则会影响景观，增加维护成本。选择根状茎的植物，如狗牙根、假俭草、白三叶可以达到目的。另外，边坡土壤一般较为贫瘠，因此应选择较耐瘠薄的植物，边坡土壤保水性能差，应选择耐旱的植物。同时由于养护强度低，还要求植物具有较好的抗病性。在温带、寒带，可选用草地早熟禾、细羊茅、黑麦草；在半干旱地区，可选用野牛草、冰草和格兰马草；在亚热带地区，可选择狗牙根、百喜草和结缕草；高羊茅草可用于亚热带和温带的过渡地带。

113

矿坑岩壁垂直绿化示意简图

基质改良技术

基质改良技术主要针对受到污染的土壤层。被污染的土壤层可导致植物难以生长甚至死亡，因此，需采用一定的基质改良方法使土壤层重新具有供给植物生长的能力。目前常用的土壤基质改良方法有：表土回填覆盖、化学改良、生物改良、植物改良。

表土回填覆盖：是修复污染程度较轻土壤层的一种有效方法，而遭受严重污染区域的土壤则需对土壤层进行完全置换，以实现修复的目的。同时，通过表土回填，可以有效改善土壤质地，增大土壤肥力，缩短植被修复过程的时间。

化学改良：主要应用于酸碱性发生较大变化的土壤修复，通常采用石灰改良酸性土壤，采用氯化钙、石膏、硫酸等改良碱性土壤。

使用前 → 使用后

土壤化学改良前后对比

生物改良：是指利用微生物的作用实现土壤层的改良，如采用具有降解功能的菌株对污染物进行降解，此方法较环保，可有效防止二次污染的发生。

植物改良：一是在被污染土壤层区域种植超积累植物，利用植物根系吸收和在植物体内累积污染物，实现土壤层内污染因子的富集和治理；二是种植豆科等草本植物，利用其固氮作用和自身茎叶达到提升土壤层质地的目标。

采煤沉陷区变身千亩富硒谷种植基地

山西省长治市屯留区煤炭资源丰富，长期采煤造成区域内地面沉陷和地下水涌出，形成 3.45 万亩沉陷区。近年来当地在采煤沉陷区治理中综合施策，宜田则田，宜水则水，形成了"改造式治田""景观式治水"等多种治理方式，沉陷区恢复成沃野良田，把 1.2 万余亩塌陷土地恢复再造"荷花淀""生态园""米粮川"。

屯留区采煤沉陷区变身千亩富硒谷种植基地

上海辰山植物园打造矿坑花园

矿坑花园是上海辰山植物园景区之一，位于辰山植物园的西北角，邻近西北入口，由清华大学朱育帆教授设计，清远德普浮桥有限公司建造。1905 年，辰山脚下发现了可以用作建筑材料的石体——花岗岩，开始动工采石，1949 年后，设辰山采石场，2000 年辰山采石场关闭，辰山采石工业终止。后期形成一个巨大的"矿坑"，并坐拥 1 万平方米的开阔湖面。矿坑原址属百年人工采矿遗迹，根据矿坑围护避险、生态修复要求，结合中国古代"桃花源"隐逸思想，利用现有的山水条件，设计瀑布、天堑、栈道、水帘洞等与自然地形密切结合的内容，深化人对自然的体悟。利用现状山体的皴纹，深度刻画，使其具有中国山水画的形态和意境。矿坑花园突出修复式花园主题，是国内首屈一指的园艺花园。矿坑花园虽是人工改造，却如自然的鬼斧神工，鸟瞰矿坑花园像是一条白蛇游弋在水面上，这条"白蛇"就是矿坑花园的主通道——矿坑花园浮桥。

上海辰山植物园矿坑公园

塌陷区景观再造变身生态公园

唐山南湖公园全称唐山南湖城市中央生态公园，国家 4A 级景区，位于市中心的南部，距市中心仅 1 千米，是唐山四大主体功能区之一南湖生态城的核心区，总体规划面积 30 平方千米，是集自然生态、历史文化和现代文化于一体的大型城市中央生态公园。公园现辖有爱尚庄园、小南湖公园、南湖国家城市湿地公园、地震遗址公园、南湖运动绿地、唐山宴（唐山饮食文化博物馆）、南湖国际会展中心、唐山图书馆、国家体育休闲基地、南湖紫天鹅庄、凤凰台公园、植物园等大小公园。好玩南湖、生态南湖、神奇南湖、文化南湖准确概括了南湖的特色。湖水、绿地、城市森林、花草组合成了天然的生态景观，置身优美的意境中，如江南水乡，烟波如幻，任人遐想。

唐山南湖城市中央生态公园改造前是经过开滦煤矿一百三十多年开采形成的采煤沉降区，垃圾成山、污水横流、杂草丛生、人迹罕至的城市疮疤和废墟地，严重影响了城市的环境和整体形象，制约了城市的发展，影响了市民的工作和生活，浪费了大量的土地资源。充分利用以南湖城市中央生态公园为中心的采煤塌陷区，实现变废为宝、变劣势为优势、化腐朽为神奇、由"深黑"到"蔚蓝"的历史性巨变，带动周边区域的开发和利用，改善了居住条件，提高了城市品位。

采煤塌陷区恢复前

采煤塌陷区修复后

百年矿山 披绿蝶变

扎赉诺尔露天矿位于内蒙古满洲里市扎赉诺尔区，中华人民共和国成立前，先后由俄罗斯、日本进行开采。20 世纪 60 年代，扎赉诺尔露天矿在经历数次改制后恢复正式生产，2017 年关闭。从辉煌到谢幕，百年老矿归零。历经百年开采，扎赉诺尔露天矿形成了一个矿坑面积达 500 公顷、总占地面积 1276 公顷的巨大坑口，对土地、水资源、大气等都造成了很大影响。

采用阶梯降坡、分层修复，利用原始地貌整理坡面进行露天煤矿土地修复。依据当地土壤情况采取表土剥离、回填、土地平整、表土复原等工程及生物措施，对被破坏的土地进行治理恢复，配比有机肥，撒播旋耕，进行土壤改良。实现矿坑土地修复，防止水土流失，保护矿区生态环境。

在治理过程中，因地制宜使用当地植物、种子制成的植生毯、生物笆等护坡绿化新型专用技术产品。不仅起到防止水土流失、固坡护坡、提高植物生长率的作用。而且植生毯、生物笆等在植物生长同时被降解分化为小草的天然养料。在植被恢复后利用矿井水灌溉植被，进行矿井水处理和利用，防止水流淤积造成沉降。

共完成矿山修复工程土方施工 486 万立方米，复绿面积 382 余万平方米。矿区已成功生长各种原生植物 50 多种，多种飞鸟、昆虫等在这里繁育，逐步形成稳定、适应的生态群落，并初步形成局部的良性小气候环境。

扎赉诺尔实现了露天矿综合环境的大改变，依托"百年煤城"的文化旅游资源，将露天矿打造成扎赉诺尔重要的文旅综合体，让"绿水青山"变为"金山银山"。

修复前的扎赉诺尔露天矿

修复后的扎赉诺尔露天矿

第九章

矿 坑 利 用

● 知识小贴士 ●

在新疆准噶尔盆地的可可托海镇外的山坡上有一个大坑，这就是著名的三号矿坑，即"三号矿脉"，深 200 米、长 250 米、宽 240 米，坑内一共有 76 种矿共生。其中铍资源量居全国首位，铯、锂、钽资源量分别居全国第五、六、九位。其矿种之多，品位之高，储量之丰富，开采规模之大，为国内独有、世界罕见，是全球地质界公认的"天然地质博物馆"。三号矿坑为中国航天事业发展和"两弹一星"成功发射做出了不可替代的历史贡献，其中包括 1964 年中国第一颗原子弹试爆成功，因此称之"功勋坑""中国的聚宝盆"。

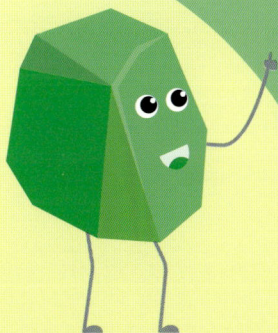

新疆可可托海三号矿坑

矿坑遗留废弃

　　废弃矿坑是指由采矿活动引起、出露于地表的相对较低的坑和坑道，特指露天开采煤炭、石材等资源而形成的人为坑道。废弃矿坑占用了大量的土地资源，带来了生态环境和安全问题，导致当地的环境生态结构与功能退化严重，制约了区域经济、社会、生态的可持续发展，已经受到世界相关国家的高度重视。

　　废弃矿坑可以有许多不同的用途，如储存液体燃料、武器、农副产品，堆存有毒的或放射性废料，改造成博物馆、研究中心、档案馆，进行旅游开发、坑塘养殖、矿坑土地复垦再利用等，这样因"资源再利用"产生新的经济效益，而使矿坑这一原本废弃的资源地重获价值。随着社会经济的发展，废弃矿坑再利用，无论从环境保护的角度，还是资源综合利用的要求来讲，都是十分必要和有益的。

废弃矿坑变身
科普博物馆

铜绿山古铜矿遗址博物馆

　　铜绿山古铜矿遗址博物馆，位于大冶市城区西南约 4 千米的金湖街道办，是迄今为止我国采掘时间最早、冶炼水平最高、规模最大、保存最完整的一处古铜矿遗址，铜绿山古铜矿遗址于 1982 年被列为全国重点文物保护单位。

　　铜绿山古铜矿遗址博物馆是在 1973 年当地采矿作业时发现的 4000 平方米的古代矿坑遗址上建成的。据测定这座古矿坑为商代至汉代采铜矿和冶炼的遗迹，距今已有 1400 年的历史。在矿坑遗迹里有古人使用的铜矿巷道，还可以清楚地看到用木支撑和草编物的护墙等。在这一古矿坑遗迹中还出土了大量文物，有大量用于采矿、选矿和冶炼的铜铁、竹、木、石制生产工具等。这些为后期博物馆的展品陈列提供了素材，博物馆的建设也设有一个复制的矿井模型，让参观者体验一下古人采矿的全过程。

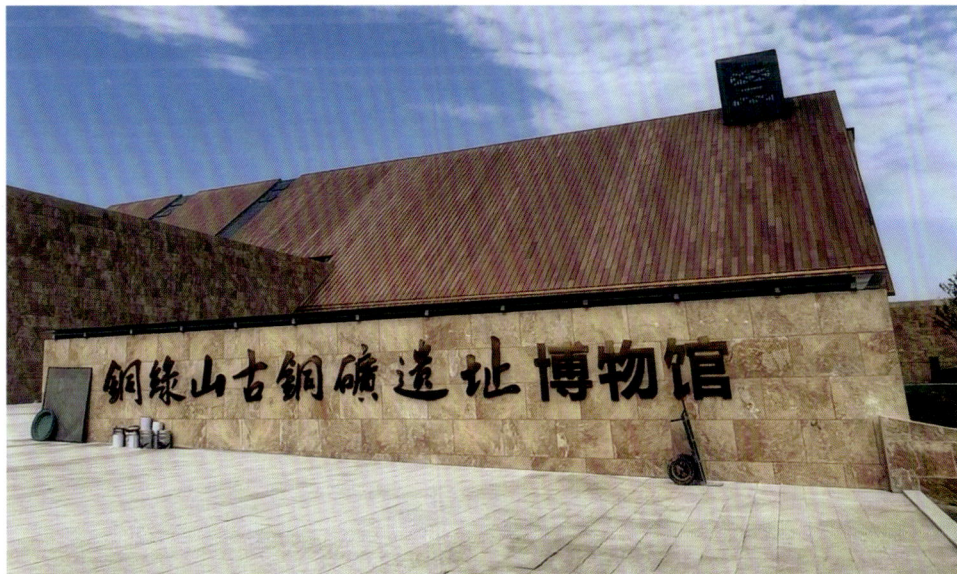

铜绿山古铜矿遗址博物馆

铜绿山古铜矿遗址博物馆内景

波兰维利奇卡盐矿博物馆

维利奇卡盐矿是波兰国家的瑰宝，位于波兰南部喀尔巴阡山北麓，克拉科夫市南15千米，是欧洲最古老且现在仍在开采的一座富盐矿。维利奇卡盐矿早在1978年就被联合国教科文组织列入世界文化遗产名录，并被波兰政府设为博物馆。这座开掘于公元11世纪的盐矿，矿床长4千米，宽1.5千米，厚300～400米，巷道全长三百多千米。迄今已开采了9层，深度为327米，共采盐2000万立方米。该盐矿不仅可供游人参观，还可供某些患者来此治疗。1964年在盐矿第5开采区211米深处开设了研究过敏性疾病的疗养所，1974年又在矿井下建成了一座疗养院，供呼吸道疾病患者疗养治病。

波兰维利奇卡盐矿博物馆

昔日矿坑的治愈与重生

阜新海州露天矿国家矿山公园

阜新海州露天矿国家矿山公园是在露天矿坑的基础上建设起来的。阜新海州露天矿是中华人民共和国成立后第一座大型现代化露天煤矿，1952 年 8 月开工建设，1953 年 7 月 1 日正式投产，2005 年 6 月因资源枯竭而关闭，形成东西长 3.9 千米，南北宽 1.8 千米，最深处垂直深度 350 米的大坑。从 2006 年开始，阜新市委市政府利用 8 年的时间，将阜新海州露天矿建成了拥有"地下森林""坑底水库""采煤博物馆"等近百个景观的矿山公园，使"废矿坑"变成"聚宝盆"。海州露天矿国家矿山公园是在露天采矿遗址上建立的集旅游观光、商务休闲、科普实践、传统教育、工业忆旧、探险体验于一体的世界现代工业遗产旅游项目，现在已成为阜新市的新地标，也是全国第一个资源枯竭型城市转型试点的新亮点。后续该矿山公园举行过汽车漂移锦标赛、军事嘉年华、音乐节等活动，逐渐成为中国露天矿坑综合利用的先行者。

大孤山铁矿坑生态公园

大孤山铁矿位于鞍山市东南 12 千米的千山脚下，矿坑深度约 286 米，沿走向长约 1620 米，宽约 1200 米，占地面积 10.6 平方千米，因其丰富的铁矿储量，素有"十里铁山"之称。这座有着百年开采历史的亚洲最深露天铁矿，矿坑深不见底，

露天矿山公园

据说可以塞下十几座能坐九万人的"鸟巢"国家体育场。大孤山铁矿开采于1916年，当时，日本采取"杀鸡取卵"的方式疯狂掠夺矿山资源。由于采取螺旋式露天开采，大孤山矿坑的底部越来越小。整个矿坑呈倒金字塔形，在一层薄雾的笼罩下，矿坑深不见底，矿坑周围的山体上是一圈圈蜿蜒的矿道，远远看去像整齐的梯田，上面奔跑的汽车像甲壳虫，矿坑四周封闭圈上的楼房像火柴盒一样微小。

百年历史中，大孤山铁矿为鞍钢一号高炉运送了第一车铁矿石，炼出了中国第一炉钢水，宣告了中国"有铁无钢"历史的结束。经过多年开采，大孤山铁矿走向矿山开采后期阶段，生产能力逐年下降，经过北部扩建工程的建设，现转入地下开采。经过近百年的矿产开采与加工，大孤山铁矿矿山固体废弃物堆存量巨大，侵占了大片山林土地，造成土壤盐碱化，导致水质和大气污染，洪涝、滑坡泥石流等地质灾害时有发生，给当地企业和居民生产、生活造成一定影响。

矿坑生态公园

大孤山矿坑属于工业废弃地，保留一部分矿坑原貌具有工业美学价值。而对废弃矿坑进行修复，建设成具有地标性的生态公园，将工业发展与景观设计相结合，不但具有生态价值，同时具有时代记忆，让大地的伤疤涅槃重生，体现了这个时代的美学价值。

露天矿坑复垦农业种植开发

平果铝土矿矿山位于广西百色平果县，于 1991 年开工建设，1995 年 9 月投产，目前矿山产能为年产铝土矿 650 万吨。每年需新征采矿用地近 3000 亩，最终将占用土地 10 万余亩，其中 90% 以上为耕地，占平果县总耕地面积的 1/5 以上。平果铝土矿较成功地应用了剥—采—运—填工艺。针对复垦土源少、占地速度快、复垦难度大的实际，平果铝土矿以加速土壤熟化、缩短复垦周期为重点，短时间内在采矿废弃地和废石堆场重建了以农业耕地为主、林灌草优化的人工生态系统。利用工业废弃物（如剥离土、粉煤灰、洗矿泥等）作为复垦地的人工再造耕层材料，边采矿边复垦。把采空区留下的凹形石牙地板用炸药爆破进行平整，用脱水泥饼作为回填土，再种植植被。复垦种植了玉米、黄豆、甘蔗、萝卜、西红柿等农作物及速生树种巨尾桉，建成了生态良好的农田和速生林。矿区采场复垦率为 96%，实现了保护开发矿产资源与快速重建生态的良性循环，1997 年，平果铝土矿的"建设露天矿山高效复垦技术示范区"被国家经济贸易委员会列为国家技术创新项目加以推广。

生物复垦后的可耕种土地

深坑酒店

　　上海松江国家风景区，藏匿着一个废弃的深坑——天马山深坑。天马山深坑原本是一座山，东北远望佘山，早前被炸山采石，20世纪50年代末，整个山丘已荡然无存，至70年代末被挖出近90米深的深坑，深坑面积近36800平方米，围岩为侏罗纪安山岩。

　　上海佘山世茂洲际酒店是世界首个建造在废石坑内的自然生态酒店，也是世界上海拔最低的五星级酒店，被誉为"地质坑五星酒店"。酒店建筑共18层400间客房，顶部两层为空中花园，底部两层为水下世界，所有酒店客房都设置有退台的走廊和阳台作为"空中花园"，可以近距离观赏对面百米飞瀑和横山景致。

上海佘山世茂洲际酒店

第十章

矿山固废变废为宝

　　固废二氧化碳矿化利用技术：是目前碳捕集、利用与封存技术中研究较多的一项技术，其原理是利用具有一定活性的钙镁氧化物，在一定温度、压力条件下，引入二氧化碳参与固化，使得含钙、镁的碱土金属离子矿物向热稳定性较高的无机碳酸盐转化。我国工业生产中会伴随着大量的固体废弃物，如钢渣、粉煤灰和其他大宗固体废弃物等，这些固体废弃物中含有大量可用于矿化的硅钙氧化物，所以利用大宗固体废弃物矿化二氧化碳技术在减少二氧化碳排放的同时，实现了高性能建筑材料的生产和固体废弃物的资源化利用，是一种具有显著经济效益的碳减排途径。

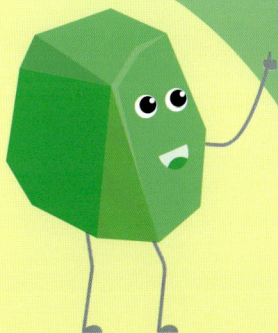

固废二氧化碳矿化利用技术

矿山固废
从哪里来

矿山固废是矿山固体废弃物的简称，指矿山开采和矿物洗选加工过程中产生的废石和尾矿。另外，在矿物加工利用过程中产生的固废如粉煤灰等也是以矿山为基础的衍生固废。煤矿固废以煤矸石为主，煤的加工利用过程产生的固废以粉煤灰为主，非煤矿山固废以尾矿为主。

我国是世界采矿大国，矿产资源总量较大，单一矿种少、伴生（共生）矿种多。受经济、技术等条件的限制，我国矿山固废的存量相当巨大，且随着矿山开采量的增加以及矿石品位的下降，矿产开发过程中所排放的固废数量逐年增加，一个省份的矿山固废总量可达几亿至几十亿吨。

煤矸石：是采煤过程和洗煤过程中排放的固废，是一种在成煤过程中与煤层伴生的一种含碳量较低、比煤坚硬的黑灰色岩石，包括巷道掘进过程中的掘进矸石、采掘过程中从顶板、底板及夹层里采出的矸石以及洗煤过程中挑出的洗矸石。其主要成分是 Al_2O_3、SiO_2，另外还含有数量不等的 Fe_2O_3、CaO、$MgΩ$、Na_2O、K_2O、P_2O_5、SO_3 和微量稀有元素（Ga、V、Ti、Co），此外，还含有 As、Pb、Cd、Hg、Cr 等有毒有害物质。煤矸石的化学成分较为复杂，不同地区的煤矸石矿物组成及化学成分有所不同，因此在煤矸石利用之前应首先掌握其矿物组成及化学成分，以便进行针对性的资源化利用。

煤矸石及矸石山

粉煤灰：是煤在燃煤锅炉中经高温燃烧冷却后经除尘装置回收的粉状颗粒物。不同种类的燃煤及不同的燃烧方式会得到不同物理性质的粉煤灰。粉煤灰的粒度从 1 微米至数百微米不等，我国粉煤灰的平均粒度小于 20 微米，比表面积范围在 1500 ～ 3600 平方米每克，平均比重约 2.1 克每立方厘米。粉煤灰的共同特点：球形多孔结构，具有较好的渗透性，毛细现象强烈。粉煤灰主要由 SiO_2、Al_2O_3、Fe_2O_3、CaO 等氧化物组成，并含有少量未燃炭残渣。由于燃煤种类及燃烧条件的差异，粉煤灰中的主要氧化物含量变化范围很大，通常烟煤和无烟煤燃烧产生的粉煤灰中的 CaO、MgO、SO_3 含量相比褐煤和亚烟煤所产生的要低，但 SiO_2、Al_2O_3 含量及烧失量较高。

尾矿：是选矿作业中产生的有用组分含量低且目前无法经济用于工业生产的组分，也是工业固废中的主要组成成分。尾矿的主要矿物成分是各种脉石矿物，如石英、长石、辉石和角闪石等，其主要化学成分为铁、硅和铝等元素的氧化物和硅酸盐。

世界各国每年采出的金属矿、非金属矿、煤和黏土等产量巨大，由此产生的尾矿数量也相当巨大。根据《全国矿产资源节约与综合利用报告 (2022) 》，截至 2021 年底，我国尾矿总

粉煤灰及其堆积

尾矿及尾矿库

产生量约为 16.49 亿吨，全国综合利用尾矿总量约为 3.12 亿吨，综合利用率约为 18.9%。2021 年，我国尾矿总产生量约为 16.49 亿吨，同比增长 1.73%。可见我国尾矿存量和每年新增产量均较为巨大，但整体利用率有待提高。

矿山固废利用有多重要

矿山固废大量堆存，不仅占用大量的农用、林用土地，而且对周围环境造成污染，甚至引发次生灾害，威胁人身财产安全。鉴于矿山固废具有极大的潜在危害性，而且其本身具有资源化利用的价值，因此通过多种综合利用方式消纳矿山固废已是刻不容缓。

国家出台了一系列相关的政策、文件，鼓励固废的综合利用。其中，《中华人民共和国固体废物污染环境防治法》第四条："固体废物污染环境防治坚持减量化、资源化和无害化的原则。任何单位和个人都应当采取措施，减少固体废物的产生量，促进固体废物的综合利用，降低固体废物的危害性。"发展改革委、科技部等十部门 2021 年联合发布的《关于"十四五"大宗固体废弃物综合利用的指导意见》提出，"到 2025 年，煤矸石、粉煤灰、尾矿（共伴生矿）、冶炼渣、工业副产石膏、建筑垃圾、农作物秸秆等大宗固废的综合利用能力显著提升，利用规模不断扩大，新增大宗固废综合利用率达到 60%，存量大宗固废有序减少。"

矿山固废浑身都是「宝」

我国对矿山固废的主要利用途径有：制作建筑材料、提取有价元素和有用矿物、采空区充填（回填）、制作土壤改良剂和肥料、其他方式（煤矸石发电、制作陶瓷、沸石）等。

矿山固废制作建筑材料：筑路、混凝土掺合料，制砖，制作水泥，制作混凝土，制备轻骨料等。

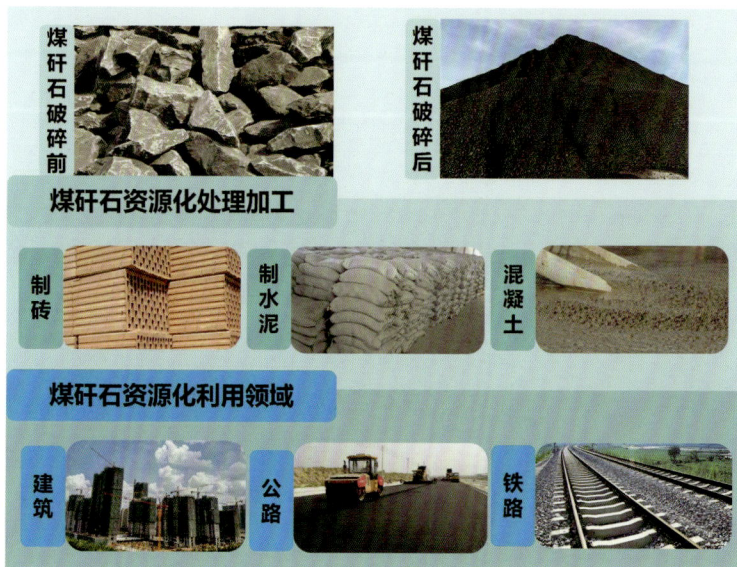

煤矸石综合利用

提取有价元素和有用矿物：煤矸石通常含有长石、方解石、黄铁矿以及少量稀有金属矿物等，可以对煤矸石进行再选，用洗选的方法将有用的矿物直接分选出来，提高煤矸石的利用率。如可采用石灰烧结法、一步酸溶法、硫酸浸出法、碱石灰烧结法提取氧化铝。粉煤灰中富含空心微珠、磁珠、残炭、氧化铝和稀有金属元素等有用组分，是一种可综合利用的二次资源。根据其物化性质差异，利用选矿分离技术，可以有效将粉煤灰中的有用组分提取出来。尾矿的二次选别可以将尾矿中的有价金属尽可能分选出来，实现尾矿的资源化利用。

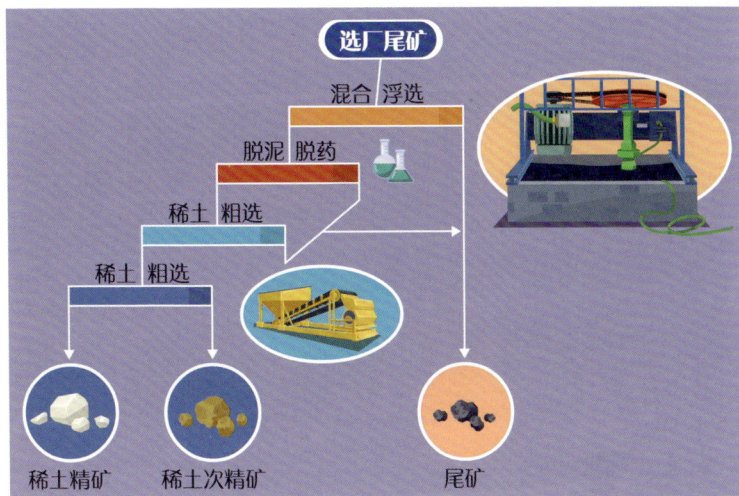

铁尾矿有价元素再选工艺

采空区充填（回填）：矿山固废用于采空区充填，是消纳大量固废的重要措施，也为采矿工业所需廉价充填材料提供了广泛来源。采空区充填后可有效减小地表沉陷，越来越多地应用于建（构）筑物、水体下压覆资源的开采。目前充填开采技术及工艺、矿山固废充填材料的研发和应用日趋成熟，且在全国各大矿区均进行了应用和推广，在国家鼓励大宗固废综合利用、固废外排受限的形势下，利用矸石、粉煤灰、尾矿等固废进行矿山采空区充填（回填）是当前矿山绿色健康发展和固废综合利用的重要结合点。

制作土壤改良剂、肥料：煤矸石含有丰富的有机质和微量元素，经过加工活化可以用来生产农肥及作为育苗基质材料。用煤矸石可制取氢氧化铵，其产物还包括磷、钾、亚硫酸铵和碳酸铵，都是生产复合肥的原料。粉煤灰具有多孔结构、粒度小和比表面积大等特性，且富含多种微量元素，在农业中常用于改良土壤。适量掺杂在黏土性质的土壤中，具有良好的透气性；掺杂在砂石性质的土壤中，具有固水保湿的作用。粉煤灰呈碱性，可用于酸雨地区或酸性土地调节土壤的酸碱度。粉煤

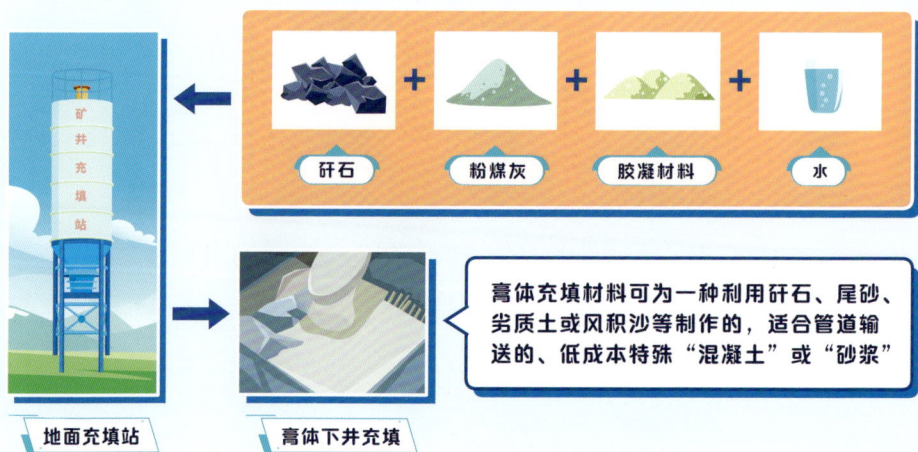

地面充填系统及材料

灰中含有 P、N、K 等植物生长所必需的营养元素和 B、Zn、Mn 和 Fe 等促进农作物增产的微量元素，可替代肥料中部分添加剂，加工制作成促进农作物生长的复合化肥。目前，由粉煤灰加工而成的化肥主要有磁化肥、硅钾肥、硅钙肥和氮磷肥。尾矿中通常都含有植物生长所必需的微量元素，如 Zn、Mn、Cu、Mo、V、B、Fe 和 P 等，经过一系列处理，可以将尾矿制成化肥，此种化肥可以改善土壤结构，提高土壤肥力，能够使农作物茁壮成长，并实现农业增产。

铝土矿尾矿制作酸性土壤调理改良剂

磁化铁尾矿土壤改良作用大

　　马鞍山矿山研究院在国内率先开展了利用磁化铁尾矿作为土壤改良剂的研究工作。试验表明，磁化尾矿施入土壤后，提高了土壤的磁性，引起了土壤中磁团粒结构的变化，尤其是导致"磁活性"粒级和土壤中铁磁性物质的活化，使土壤的结构性、孔隙度、透气性均得到改善。田间小区试验和大田试验表明，土壤中施入磁化尾矿后，农作物增产效果十分明显，早稻平均增产12.63%，中稻平均增产11.06%，大豆平均增产15.5%。该研究院又将磁选厂铁尾矿与农用化肥按一定的比例混合，经过磁化、制粒等工序，制取出了磁化尾矿复合肥，并在当涂太仓生态村建成一座年产1万吨的磁化复合肥厂，这种磁化复合肥深受当地农民的欢迎。

充填开采：充填开采是一种随采煤工作面的推进，向采空区送入充填材料，达到控制岩层移动及地表沉陷目的的采煤方法。目前形成了以固体、高浓度（膏体、似膏体）、高水材料等代表性的多种充填采煤技术。充填开采是绿色开采的重要组成部分，是解决我国"三下"（铁路下、建筑物下、水体下）压煤问题、矿区生态环境、处理固废的理想途径。

充填开采技术可实现矸石不升井，也可消化地面矸石山充填采空区，实现充填体支撑上覆岩层，控制地表沉降，达到煤矿资源环保开采的目的。目前，针对矸石、粉煤灰、风积砂、炉渣等物料研发了各种类型的充填材料。

以矸石等固废井下充填处置技术为例，在煤炭开采过程中，采出的煤矸石堆积在地表，日积月累形成庞大的矸石山，占用土地，如发生自燃还会释放有毒气体，雨水冲刷易形成地质灾

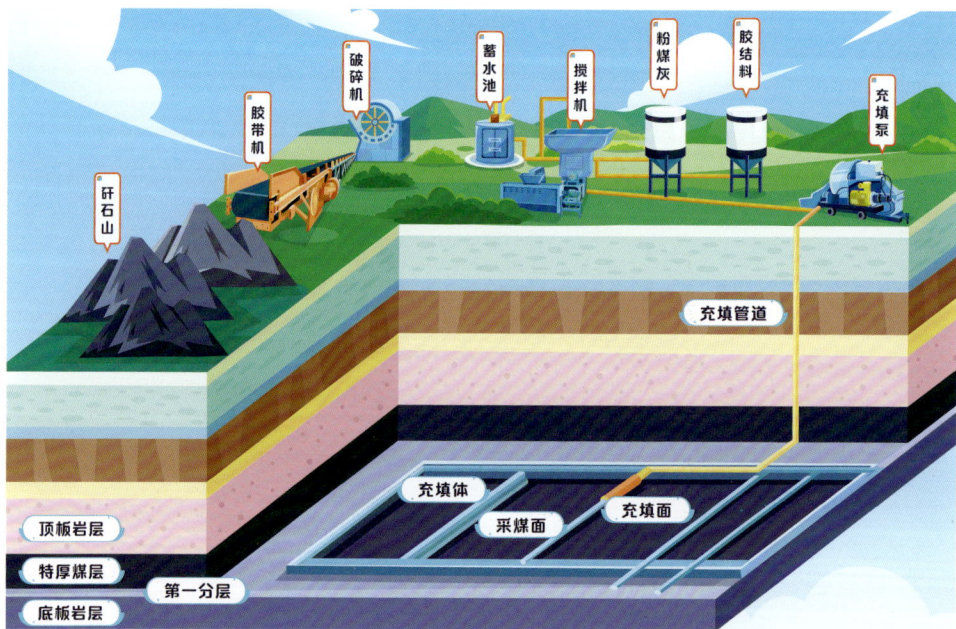

破碎机　蓄水池　搅拌机　粉煤灰　胶结料　充填泵

胶带机

矸石山

充填管道

充填体　采煤面　充填面

顶板岩层

特厚煤层　第一分层

底板岩层

工作面充填示意图

害隐患，亟须解决煤矸石堆放带来的环保隐患。利用井下采煤形成的空间，采用相应的运输方式和充填工艺将矸石、粉煤灰等固废进行规模化充填处置，是一个非常适合煤炭生产企业的处置方法。

连采工作面巷道抛矸充填现场

尾矿实现变废为宝

　　从矿山固废中提取有价金属是矿山固废资源化的重要途径，通过研制开发新型高效、廉价、成本低的选矿设备、工艺和药剂来回收废石、尾矿中的有价金属元素、非金属元素，以提高资源的回收率、提高资源综合利用价值。

　　20世纪90年代，中钢集团马鞍山矿山研究总院股份有限公司就对歪头山铁矿、南芬铁矿、南山铁矿的尾矿进行再选，每年从铁矿尾矿中选取全铁65.5%～67.0%的铁精矿7000余吨，年创经济效益1700余万元。桃冲铁矿尾矿中含有85.36%的钙铁榴石，且储量大。中钢集团马鞍山矿山研究总院股份有限公司与桃冲铁矿采用强磁选一次粗选、二次精选、一次分级摇床选别流程，选出了钙铁榴石含量 97.39%，磁性物含量 0.54% 的钙铁榴石精矿回收率达 41.00% 以上。

江西德兴铜矿通过尾矿再选，年回收硫精矿 1000 吨，铜精矿 9.2 吨，金 33.4kg，产值达 1300 多万元。陕西双王金矿从尾矿中回收硫精矿，产值达 3.4 亿元，又从尾矿回收钠长石精矿，其产值超过金的产值。

首钢大石河铁矿裴庄东排土场成功研发了从废石中回收磁铁矿石的"粗选与分级精选"新工艺。每年可从废石中回收磁铁矿石 36 万吨 (铁品位 >24%)，可多产铁精矿 10.42 万吨 (品位 66% 计)。

尾矿实现变废为宝

第十一章

矿井水利用

全世界的地下水总量多达 1.5 亿立方千米，几乎占地球总水量的 1/10，比整个大西洋的水量还要多！

据不完全统计，20 世纪 70 年代以色列 75% 以上的用水依靠地下水供给；德国的许多城市供水也主要依靠地下水；法国的地下水开采量要占到全国总用水量的 1/3 左右；像美国、日本等地表水资源比较丰富的国家，地下水也要占到全国总用水量的 20% 左右。近 30 年来，我国每年地下水开采量以 25 亿立方米的速度递增，地下水的供给量已占到全国总供水量的 20%，在省级行政区中，地下水供水超过 50% 的有河北省、北京市、山西省等，其中河北省高达 80.9%。

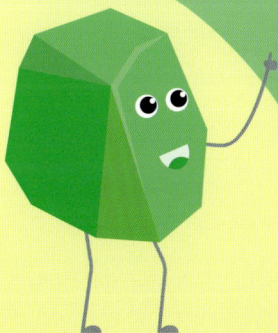

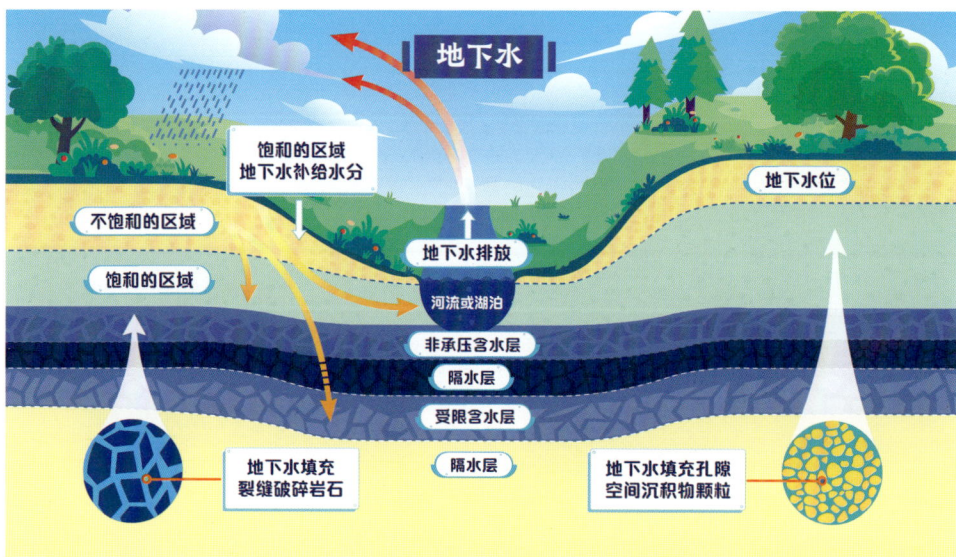

水循环

矿井水是从哪里来的

矿井水，是指在矿井建设和生产过程中，流向井筒和巷道的水。矿井水来自大气降水、地表水、地下水和老窑积水等。在煤炭开采过程中，地下水与煤层、岩层接触，加上人类活动的影响，发生了一系列物理、化学和生化反应，因而水质具有显著的煤炭行业特征：含有悬浮物的矿井水的悬浮物含量远远高于地表水，感官性状差；并且悬浮物的粒度小、比重轻、沉降速度慢、混凝效果差；矿井水中还含有废机油、乳化油等有机物污染物。矿井水中含有的总离子含量比一般地表水高得多，而且很大一部分是硫酸根离子。矿井水往往 pH 特别低，常伴有大量的亚铁离子，增加了处理的难度。

矿井的地下水包括静储量和动储量两部分老窑积水。废弃的井巷和采空区由于长期停止排水而积存的地下水称为老窑积水。

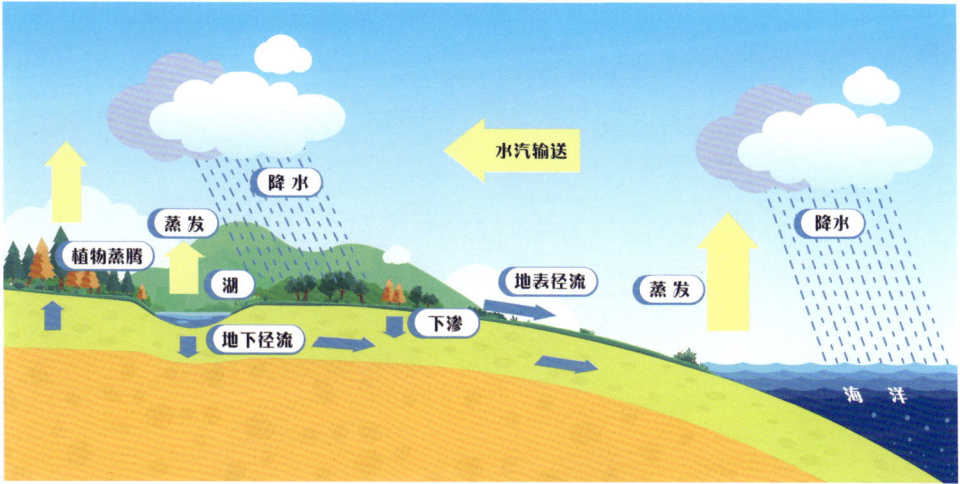

水循环示意图

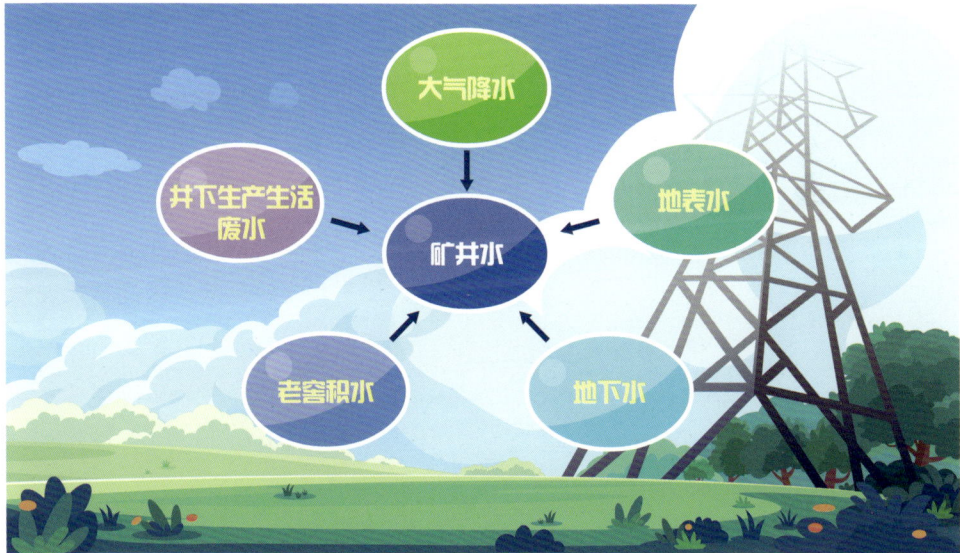

矿井水主要来源

矿井水分类

按水质类型分为洁净矿井水、含悬浮物矿井水、高矿化度矿井水、含有害有毒元素矿井水、酸性矿井水五类。

主要矿井水类型分类

- 洁净矿井水
- 含悬浮物矿井水
- 含有害有毒元素矿井水
- 主要矿井水类型分类
- 酸性矿井水
- 高矿化度矿井水

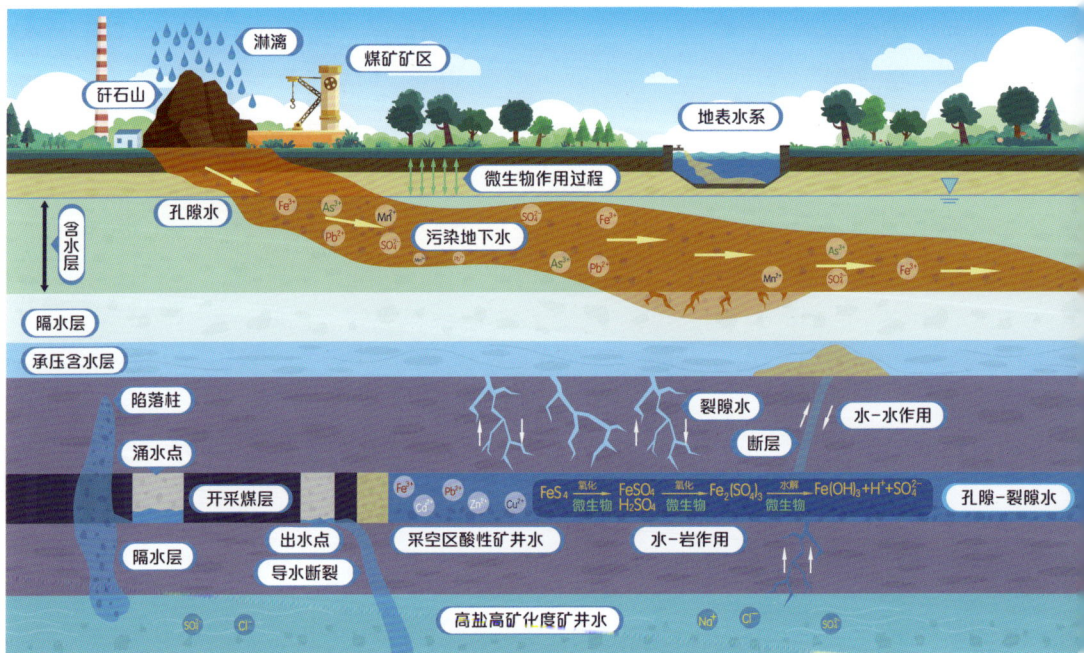

煤矿矿井水污染（孙亚军：我国煤矿区水环境现状及矿井水处理利用研究进展）

洁净矿井水：即未被污染的干净地下水，可直接用于生活和生产。通过对煤矿各含水层进行多次细致的采样分析，采取井下清污分流，使洁净矿井水从专设管路排出。

含悬浮物矿井水：水质呈中性，含有煤粉、岩粒等大量的悬浮物。此类矿井水经井下水仓初沉后排至地面，采用常规水处理工艺即可得到符合标准的生活和生产用水。

高矿化度矿井水：水中含有 SO_4^{2-}、Cl^-、Ca^{2+}、K^+、Na^+、HCO_3^- 等离子，水质多数呈中性和偏碱性，带苦涩味，俗称苦咸水，又可分为微咸水、盐水。此类水主要因含盐量高而不宜饮用。处理高矿化度矿井水时，除了要进行混凝、沉淀等预处理外，其关键步骤是脱盐。脱盐的方法有很多，如离子交换法、蒸馏法、电渗析法和反渗透法等。其中电渗析法是目前处理矿井水较为成熟也较为经济的一种方法。

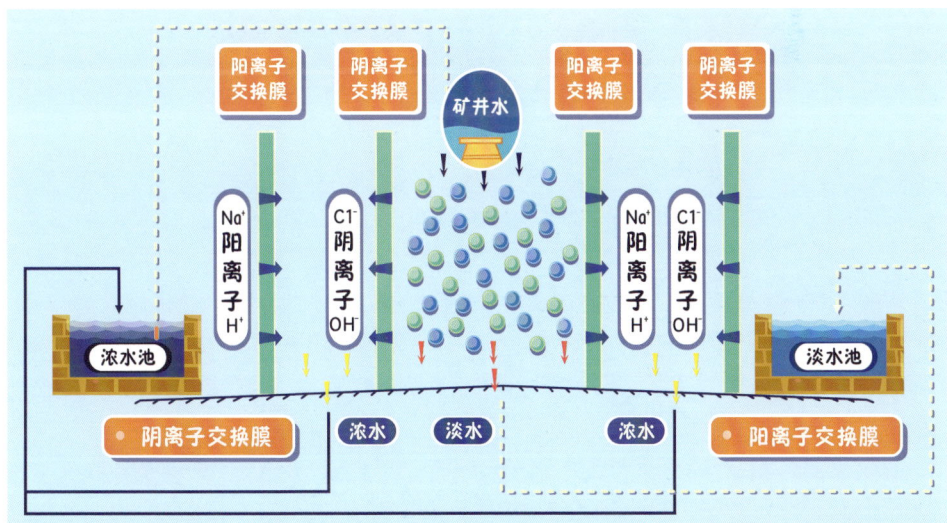

离子交换法处理矿井水（孙亚军：我国煤矿区水环境现状及矿井水处理利用研究进展）

含有害有毒元素矿井水：这类矿井水主要指含氟矿井水、含微量有毒有害元素矿井水、含放射性元素矿井水或者含有乳化油等有机物污染物矿井水。含氟矿井水可采用离子交换法、吸附、膜处理、电渗析、反渗透等方法处理；含有乳化油等有机物污染物矿井水可采用气浮法处理。

酸性矿井水：水质 pH 小于 5.5，当开采含硫高的煤层时，硫化物受到氧化与升华作用产生硫酸，而使水呈酸性。国内煤矿酸性水的处理方法主要是中和法，此外还有近年来新兴的生物化学处理方法和人工湿地法。

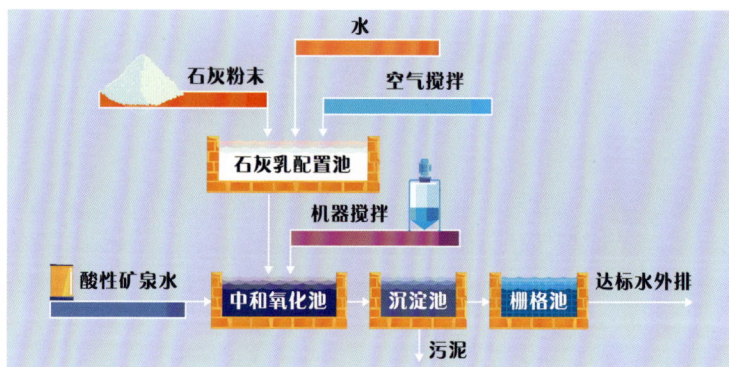

石灰处理酸性矿井水（孙亚军：我国煤矿区水环境现状及矿井水处理利用研究进展）

矿井水是如何变成纯净水的

通常，我们可以借助采空区岩体的渗透、过滤，简易净化矿井水中的悬浮物。但是，对于一些高污染的矿井水怎么办呢？

高悬浮物矿井水：主要有常规处理技术、超磁分离水技术、高密度沉降技术（重介速沉）、煤矿地下水库净化技术。

高矿化度矿井水：按照处理工艺顺序主要分为预处理（通常采用混凝沉淀和软化工艺对高矿化度矿井水进行预处理）、脱盐浓缩（主要有膜法和热法两大技术类别）和蒸发结晶（主要有蒸汽机械再压缩、多效蒸发和蒸发塘）三个工艺段。

含特殊组分的矿井水：主要是含氟和含铁、锰矿井水，以及少量的含重金属矿井水，主要处理技术包括含氟矿井水处理技术和含铁、锰矿井水处理技术。

以处理高盐废水为例，目前以"多级膜浓缩+多效蒸发结晶分盐"处理工艺为主，主要通过净化处理、多级浓缩处理和蒸发结晶三个阶段。通过净化处理工艺将矿井水中的悬浮物进行过滤，针对低化学需氧量、低可溶性盐的矿井水进行多级浓缩，形成高盐废水。借助高盐废水中溶解的盐类对温度的敏感性，可通过蒸发结晶工艺将矿井水中的盐进行分析，从而获取净化程度较高、可作为工业用水的矿井水。

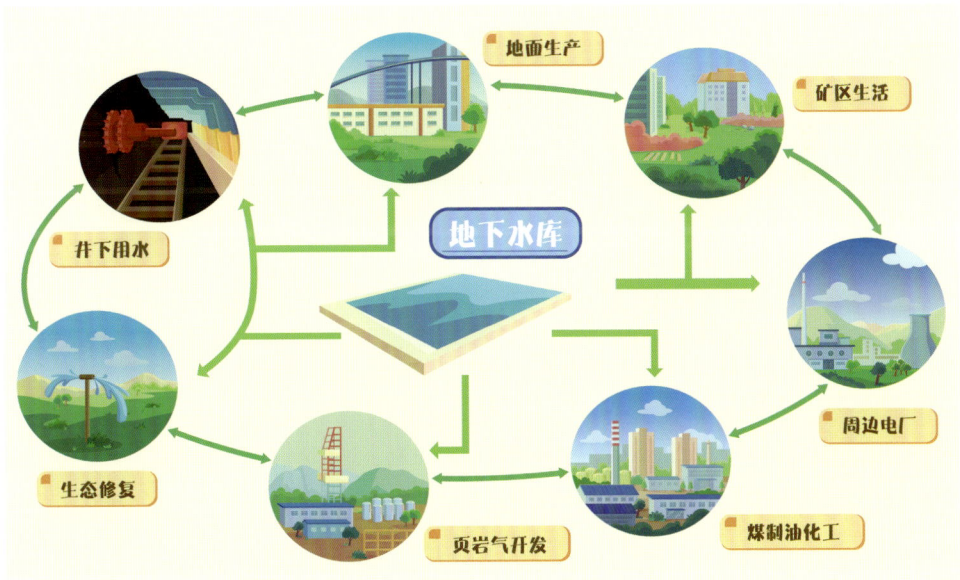

处理后的矿井水利用途径

地处毛乌素沙漠边缘地带的神东矿区，它的深处深藏着35座库容总量达到3100万立方米相当于两个西湖容量的地下水库，是目前世界上唯一的煤矿地下水库群，供应了矿区95%以上的用水。这些水库犹如一座座地下"龙宫"，矿井水在龙宫内转移循环、自然净化，为民所用。地下水库利用巨大的采空区空间进行储水，利用采空区矸石对水体进行过滤净化，再利用自然压差进行供水，它集井下供排水、矿井水处理、水灾防治、环境保护和节能减排五大功能于一体。

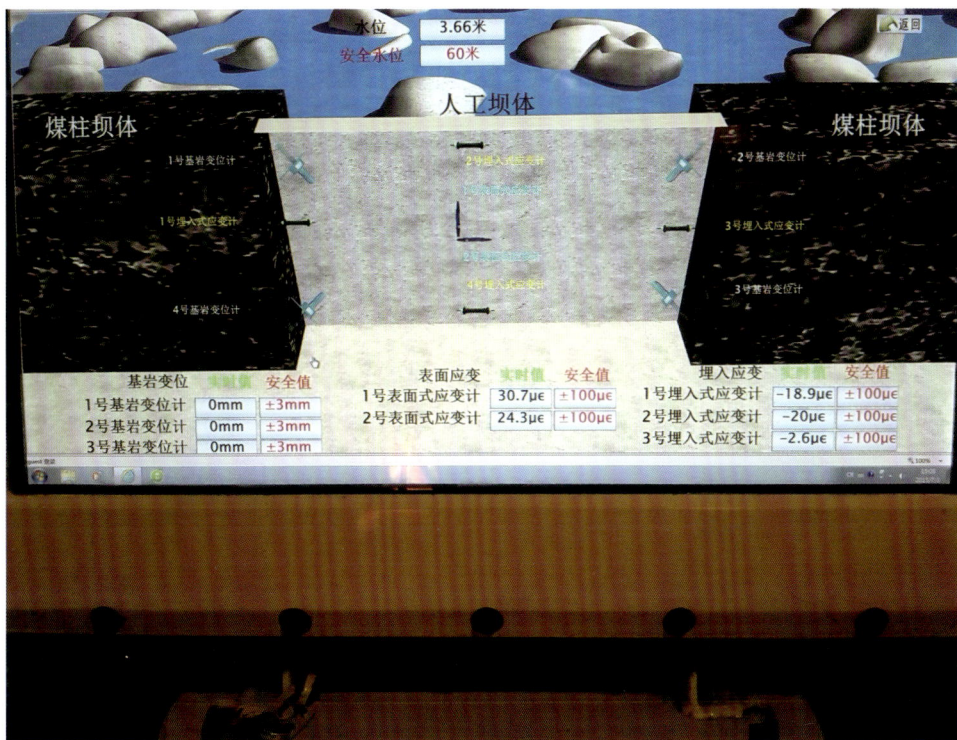

煤矿井下水库

再开发 矿井水能量

利用处理后的矿井水低温热能，用于建筑供暖、井筒防冻、洗浴热水等，减少或取消燃煤锅炉，达到节能减排的目的；利用矿井水进行抽水蓄能，可实现电力的"调峰平谷"作用。

抽水蓄能需要大量的水资源，在目前我国大部分地区，尤其是煤矿较为集中的地区，浅层地表水系破坏较为严重，而矿井水经过处理后，作为抽水蓄能的水源，将有效缓解周边水资源紧张的情况。

传统的抽水蓄能电站的上下水库均暴露于地表，其储存的水资源容易蒸发流失。而借助矿井原有废弃的巷道作为储水空间，

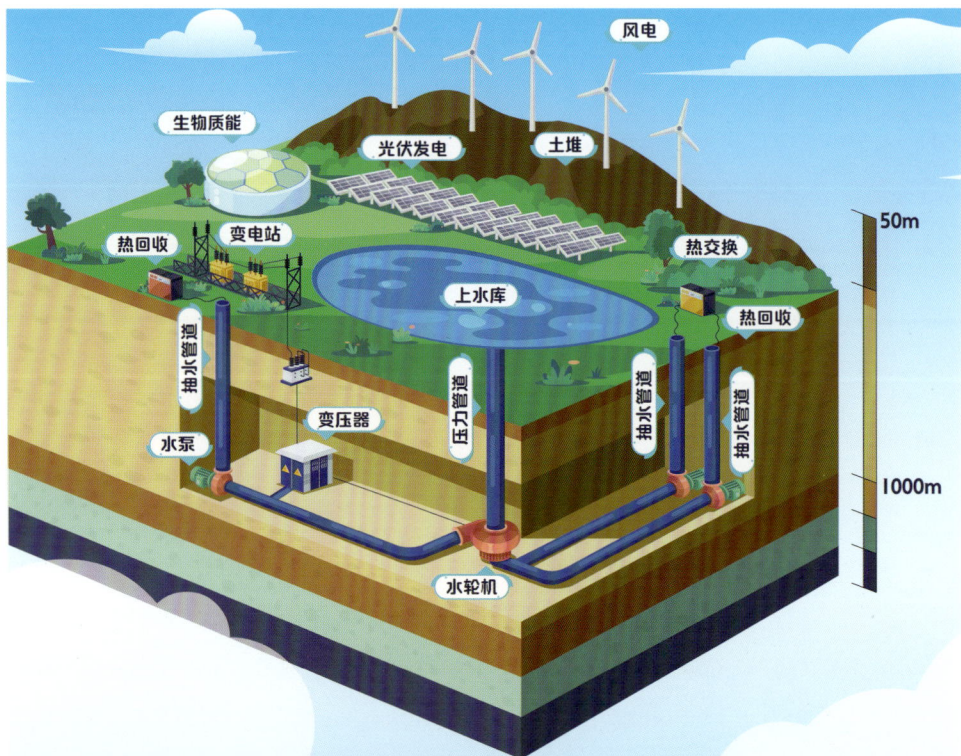

风电

生物质能   光伏发电   土堆

热回收   变电站   热交换

                                    热回收

抽水管道   变压器   压力管道   上水库   抽水管道   抽水管道

水泵

50m

1000m

水轮机

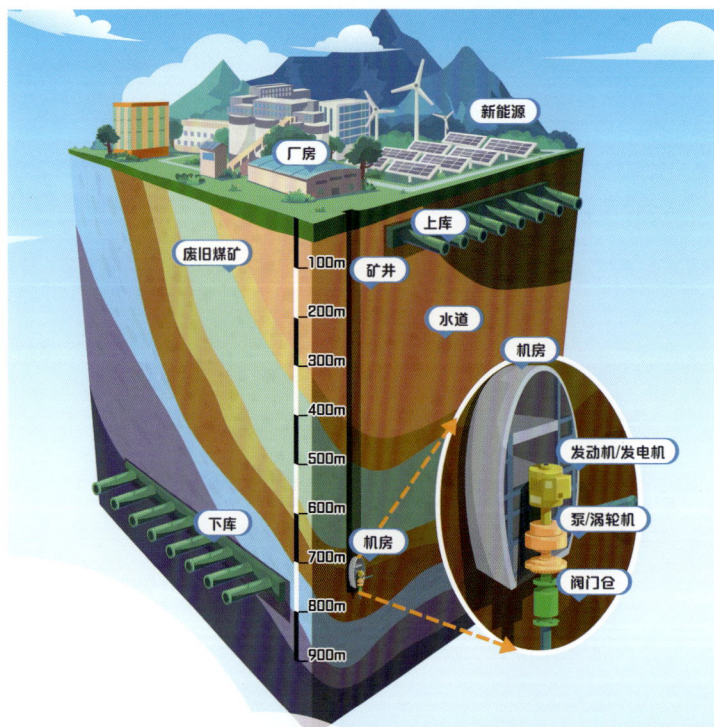

新能源

厂房

上库

废旧煤矿   矿井

100m   水道

200m

300m   机房

400m

500m   发动机/发电机

600m   泵/涡轮机

下库   700m   机房

800m   阀门仓

900m

抽水蓄能示意图

可以减少水分蒸发，节约水资源。煤矿井下抽水蓄能电站主要是通过水体位势能、电能和机械能的能量转换，在用电低谷时借助电网过剩电力将水从下水库抽至上水库，在用电高峰时放水发电。

通过废弃矿井已有构造改建抽水蓄能电站，相对于传统抽水蓄能电站具有天然高程大、引水输水管道短、无库区人口移民成本、电站选址难度小等特点，可与现有常规抽水蓄能电站优势互补，具有重要应用前景。

煤矿地下水库、矿井水循环利用与抽水蓄能发电一体化技术，能够实现矿井储水、蓄能发电、矿井水循环利用和新能源开发等多重目标，并有助于控制地表沉陷、维护矿区生态平衡，将对未来现代化、生态化矿井开拓布局、节能减排、绿色开发产生深远影响。

零排放　矿井水回灌

对于富余的矿井水除了可用于矿山的绿化用水、景观用水外，还可以将矿井水回灌到含水层中，实现经济与生态环境的和谐发展。

采用管井回灌法，管井井位根据构造分析及物探资料合理选定，确定回灌目的层，回灌层以上地层全部用套管止水封闭。利用地面与含水层的水位差，将经过净化处理的矿井水回灌至目标含水层。这既回补了矿区地下含水层，保护了水资源，也不会造成对水环境和生态环境的污染，确保了煤矿的绿色开采，实现了矿井水的零排放，保护了矿区周边地区的生态环境，促进了当地生态经济的可持续发展。

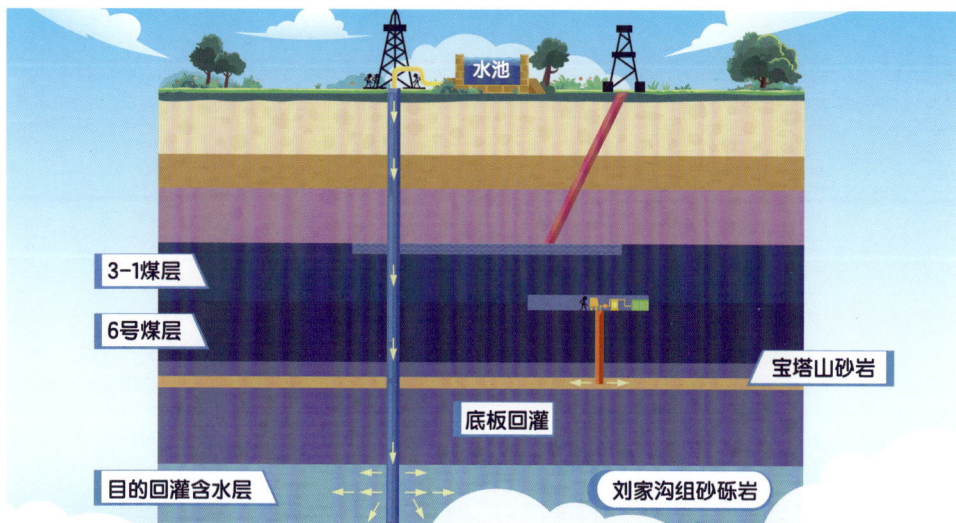

回灌井示意图（孙亚军：我国煤矿区水环境现状及矿井水处理利用研究进展）

图中标注：

- 水池
- 3-1煤层
- 6号煤层
- 宝塔山砂岩
- 底板回灌
- 目的回灌含水层
- 刘家沟组砂砾岩

第十二章

废弃矿井的重生

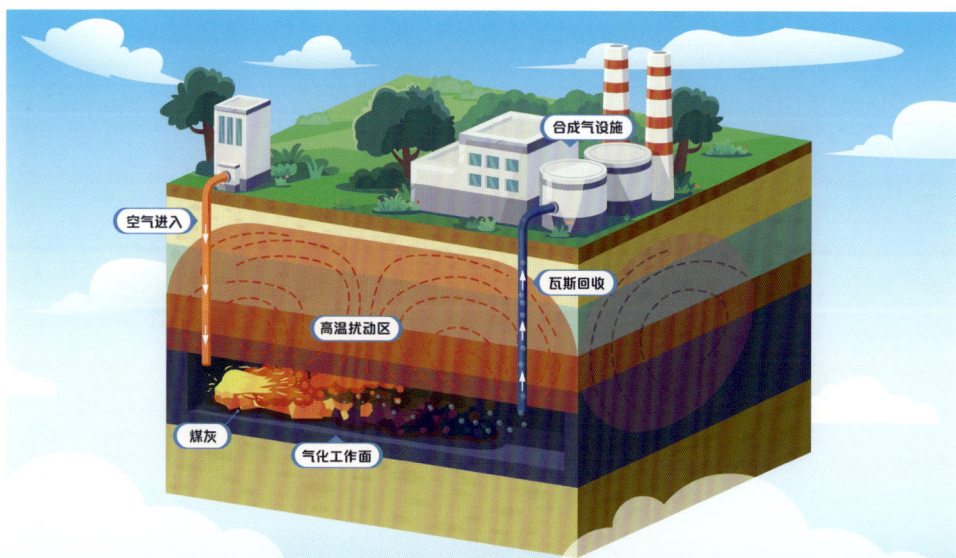

煤炭地下气化示意图（袁亮院士：再论废弃矿井利用面临的科学问题与对策）

废弃矿井有多少

废弃矿井：指某种矿产资源的生产煤矿 / 矿区由于该种矿产资源已枯竭及即将枯竭（可采时间不足 5 年或可采矿产资源储量不足 5% 的在产煤矿）或失去开采价值，或不满足生态环境保护开采条件，或国家级地方关停政策等原因在现阶段一定时期内或永久时期内关闭退出，并且开采活动造成了生态环境破坏的区域。

随着矿产资源的不断开采以及越来越多矿井的关闭，因矿而盛直至因矿而衰的资源枯竭型城市转型问题逐渐凸显出来，2008 年、2009 年、2012 年，中国分三批确定了 69 座资源枯竭型城市（县、区），截至 2020 年，我国关闭 / 废弃矿井数量达到 12000 处，到 2030 年数量将达 15000 处。

废弃矿井

美国全国约有 500000 座废弃矿井。其中，绝大多数废弃矿井位于东部地区，并且以中小型为主。60% 的废弃矿井集中在西弗吉尼亚州、宾夕法尼亚州和肯塔基州。较大的废弃矿井位于西部，但数量相对较少。

加拿大有 10000 多座废弃矿井。其中，安大略省有 6000 多座历史遗留废弃矿山，主要分布在公共土地上；新斯科舍省有 6000 多个废弃矿山井口；魁北克省有 100 处尾矿区；不列颠哥伦比亚省有 1898 处；曼托尼巴省有 290 处。

澳大利亚有超过 50000 座废弃矿山，其中，昆士兰州约有 17000 座。

英国大约有 100000 座废弃或关闭矿山，绝大多数是在 20 世纪早期被废弃。在北爱尔兰，已知的大约有 2400 座废弃矿山。

废弃矿井的潜在资源

废弃矿井关闭后，其中仍赋存大量可利用资源，可利用资源包括剩余矿产及非常规天然气资源、矿井水资源、地下空间资源、土地资源、可再生能源及生态开发工业旅游资源等。

剩余矿产及可再生资源。我国废弃煤矿赋存剩余煤炭资源量高达 420 亿吨。废弃矿井可再生能源主要包括太阳能、地热能等，我国约有 2/3 以上的地区太阳能资源较好，基本覆盖所有废弃矿井地域；全国主要沉积盆地距地表 2000m 以内储藏的地热能达 7.361×10^{21} 焦耳，相当于 2500 亿吨标准煤热量；地热水可开采资源量为 68 亿立方米每年，所含热量为 9.63×10^{17} 焦耳，折合每年 3284 万吨标准煤的发热量。

地下空间资源。根据中华人民共和国成立以来采出的煤炭总量估算，截至 2016 年底煤炭开采形成地下空间体积约 138.37 亿立方米，预计至 2030 年煤炭开采形成地下空间体积约为 234.53 亿立方米。

矿井水资源及非常规能源。我国约 1/3 矿井为水资源丰富矿井，且矿井水是煤炭开采过程中不可避免的伴生资源，近几年我国每年煤炭开采产生矿井水量约 80 亿吨，但利用率仅 25%，损失 60 亿吨，约占我国工业和民用缺水量的 60%。矿井水资源利用除生活以外，还可以用于建造地下水库、地下污水处理中心及抽水蓄能电站等。我国废弃矿井非常规水资源利用主要集中在东中部地区，利用量较大的省市包括北京、山东、江苏、上海、河南、河北等，东北与晋陕蒙宁甘次之，其他地区非常规水资源利用较少，废弃矿井水资源开发利用尚处于起步阶段，开发潜能巨大。

我国废弃矿井中 70% 为高瓦斯矿井，非常规天然气近 5000 亿立方米，煤层气潜在资源量巨大，以废弃矿井煤层气为抽采目标，采用井下密闭及预留专门管道抽放方式的工程实践还不普遍。

158 太阳石铸青山

土地资源。矿井关闭后会遗留大量的土地资源，如工业广场用地、采煤塌陷区等。我国废弃矿井遗留土地资源约30平方千米每矿。废弃工业场地一般不受采矿影响或受其影响较小，工程地质条件较好，交通、供电、供水、供气等设施齐全，可直接对整个工业场地进行规划、开发利用，其开发利用模式主要为工程建设。另外，我国每年因采煤塌陷土地700平方千米，2021今年我土地复垦利用率仅为30%。

路在何方　废弃矿井资源利用，

可再生能源开发利用：深地、不可采煤矿或废弃矿井中存在大量的残留煤炭资源，可进行煤炭地下气化。

地下空间开发利用：可用作储气库、储油库、地下特殊场所（窑洞式地下房地产、地下经济适用房、地下图书馆、地下博物馆、地下会议展览中心、地下音乐厅、地下养老院等）、特殊物资地下仓储、军用物资储备、化学物资储备、工业危险废弃物储藏等。

矿井水及非常规天然气开发利用：修建地下水库、利用废弃矿井建设水利蓄能发电站、瓦斯抽采等。我国已在晋城、淮南、铁法、阜新等矿区开展了老采空区地面钻孔煤层气抽采工作，取得了良好的效果，为废弃矿井煤层气抽采提供了指导。

生态开发及工业旅游开发利用：对废弃矿井地面土地生态以及矿区景观进行修复，建设综合性的矿山公园以及生态园；或者结合当地的实践教育政策以及历史背景，对废弃矿井加以开发利用，形成以实践与科普教育为主的开发模式。如山西凤凰山矿和平顶山工业职业技术学院利用废弃矿井巷道和生产设备建设教学学习基地，以及鸡西矿务局滴道煤矿改造成为侵华日军鸡西罪证陈列馆等。

美国利用丹佛附近废弃煤矿（距地表 240 ～ 260 米），建成世界上首座废弃煤矿地下储气库，具备 1.4 亿立方米的储气能力。比利时也利用废弃煤矿建成两座地下储气库，储气能力分别达到 1.8 亿立方米、1.2 亿立方米。德国在 2007 年利用某铁矿建设了低中水平放射性物质处置巷道，用于处置放射性废物。瑞典把报废的几座长石矿井、石英矿井和铁矿井用来储存重燃料油和轻油。在法国和德国曾广泛利用盐岩洞穴来储存石油产品。

地下盐矿

盐穴压缩空气储能技术，是一种对电力资源进行大规模储存开发的技术，它的原理类似于人们常见的抽水蓄能水电站。抽水蓄能水电站是在一个地区用电量最低的时间段内，把河水或者湖水抽进水库中，再等到用电量高峰期之前将水排回，从而获得大量电能，而盐穴压缩空气储能技术，则是把水库换成盐穴，把用来发电的水换成空气。

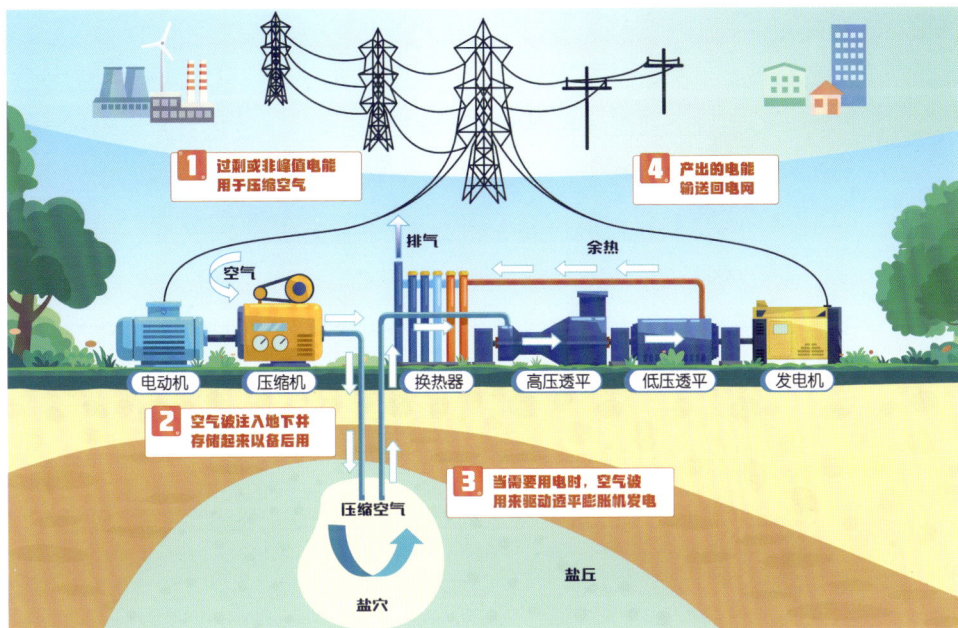

盐穴压缩空气储能

作为世界首个压缩空气储能电站，金坛盐穴压缩空气储能国家试验示范项目的所有主设备均为国产首台套，该项目的一期工程能够储存电力 300 兆千瓦时。能够满足将近 6 万人一天的用电需求，年发电量可达一亿千瓦时，不仅如此，这个工程还在全球范围内首次使用非补燃压缩空气储能发电技术，利用金坛地区地下的盐穴，通过压缩空气的方式，实现电力的转化和储存，不仅全程零排放、无污染，而且发电效率能够达到 60%，可以说，金坛盐穴压缩空气储能项目的建成，将极大地促进中国能源结构的进一步转变，同时也为世界空气压缩储能技术提供了宝贵经验。

遗留煤炭气化再利用

2015 年，陕西陕煤澄合矿业有限公司对王村斜井正式实施关闭，该矿井剩余煤炭资源近 6000 万吨。为盘活矿井剩余资

161

源，谋求企业的发展、安排富余职工、提振当地经济，该公司在王村斜井实施煤炭井下气化项目，试验探索煤炭绿色开采方式，先行先试煤炭企业转型发展之路。

煤炭井下气化技术将对煤炭传统开采工艺产生颠覆性影响，尤其是对中深部煤炭资源、关闭矿井剩余资源、不可采资源、无开采价值的煤炭资源的利用和安全高效开采具有重要意义。所生产的合成气有效成分为一氧化碳、氢气与甲烷，同时还可生产硫黄、焦油等副产品。项目试验成功后，可引领和推动我国煤炭地下气化技术再上一个新台阶。

煤炭地下气化示意图（刘淑琴：煤炭地下气化理论与技术研究进展）

废弃矿井煤层气资源再利用

煤层气是指储存在煤层中的烃类气体，以甲烷为主要成分，俗称"瓦斯"，热值高于通用煤 1～4 倍，1 立方米纯煤层气的热值相当于 1.13 千克汽油、1.21 千克标准煤，其热值与天然气相当，可以与天然气混输混用，而且燃烧后很洁净，几乎不产生任何废气。

山西境内埋深 2000 米以浅的煤层气地质资源量约 8.31 万亿立方米。2020 年底,山西省煤层气累计探明地质储量达 1.06 万亿立方米,约占全国总探明地质储量的 89.83%。

目前,已关闭矿井中仍赋存煤炭资源量约 420 亿吨、非常规天然气近 5000 亿立方米,而且地下空间、矿井水、地热与旅游开发等资源也非常丰富。从废弃矿井中抽采煤层气作为清洁能源加以利用,是典型的变废为宝。中华人民共和国成立以来,山西已累计生产煤炭 200 多亿吨,在为国家提供充足煤炭能源的同时,也产生了许多采空区和废弃矿井,这些区域藏有宝贵的煤层气资源。数据显示,山西有开发利用价值的煤炭采空区(废弃矿井)面积约 2052 平方千米,预测残余煤层气资源量约 726 亿立方米。其中,西山、阳泉、武夏、潞安、晋城、霍东、离柳 7 个煤层气含量较高的矿区内,采空区面积约 870 平方千米,预测煤层气资源量 303 亿立方米。[①]

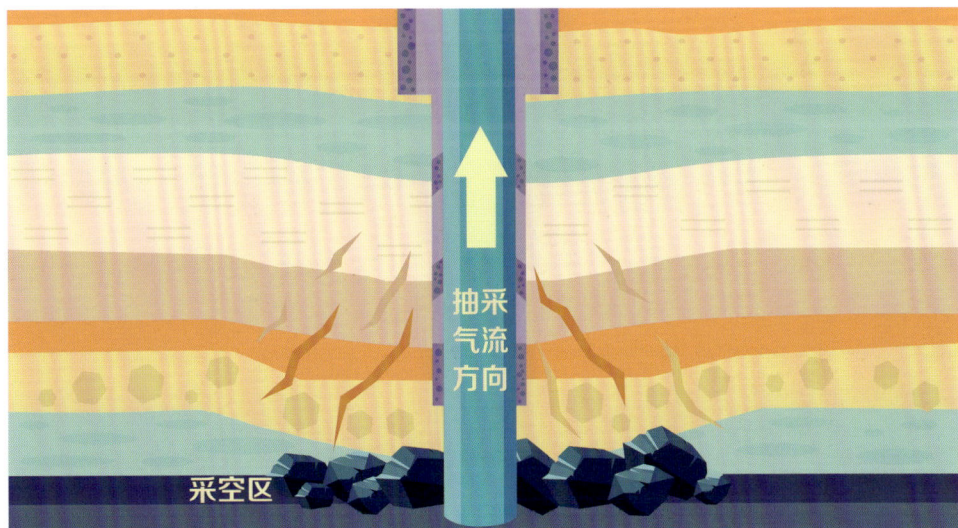

从采空区抽采煤层气示意图

① 刘洋.抽提利用超 1 亿立方米!我省持续推进煤炭采空区煤层气资源开发.山西新闻网.2021-08-16.

抽采煤层气现场图

比如，在晋圣永安宏泰煤矿施工的废弃矿井抽采井 JSCK-02 井，投运初期最高产气量达 8100 立方米每天，累计产气达 990 万立方米。在屯兰矿施工的生产矿井封闭采空区抽采井 XSTCK-02 井，投运初期最高产气量达 7800 立方米每天，目前日产量仍保持在 4000 立方米。

奇幻主题公园
废弃矿井变身

位于罗马尼亚西部的图尔达盐矿，自 17 世纪开始一直运营到了 1932 年才被废弃。在第二次世界大战期间，这里还成为当地居民的避难所。1945 年战争结束后，奶酪制造商接管了这里，最终在 1992 年将这里改造成了一座地下主题矿山公园，成为世界首个由废弃矿山改建的景观公园。人们通过乘坐唯一一部电梯下降到地下 120 米处，出现在眼前的有摩天轮、迷你高尔夫球场、保龄球馆、露天剧场、乒乓球桌和运动场。

这里还有一个关于矿山历史的博物馆，人们可以了解这里的历史。此外，这里还是一个天然的养生馆，由于盐矿长期保持在 11 ～ 12 摄氏度，湿度高并且没有任何过敏源和细菌，因此这里成为患有呼吸道疾病患者的天堂。

地下主题矿山公园

第十三章

矿 山 公 园

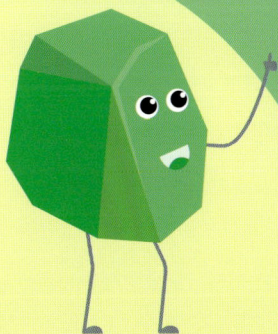

截至 2020 年，我国关闭 / 废弃矿井数量达到 12000 处，到 2030 年数量将达 15000 处。矿山是矿产资源产地及矿业活动的基地，采矿活动促进了人类社会文明的发展。矿业遗迹是构成矿山公园的核心景观，表征某一阶段某一个地方某种矿业发展的历史。

矿业遗迹的概念：矿业遗迹主要指矿产地质遗迹和矿业生产过程中探、采、选、冶、加工等活动的遗迹、遗址和史迹，并具备研究的价值、教育的功能，是游览观赏、科学考察的主要内容。矿业遗迹是人类矿业活动的历史见证，是具有重要价值的历史文化遗产，是当今世界在自然和文化保护方面的一项重要内容。

矿业遗迹的分类：

（1）矿产地质遗迹类：典型矿床地质剖面，地层构造遗迹，古生物遗迹，找矿标志物及指示矿物，地质地貌、水体景观，具有科学研究意义的矿山地质灾害（地裂缝、地面塌陷、泥石流、滑坡、崩塌）遗迹。

（2）矿业开发史籍类：反映重要矿床发现史、开发史及矿山沿革的记载和文献。

（3）矿业生产遗址类：大型矿山采场（坑、硐）、冶炼场、加工场、工艺作坊、窑址和其他矿业生产构筑物、废弃地，典型的矿山生态环境治理工程遗址等。

（4）矿业活动遗迹类：矿业生产（探矿、采矿、选矿、冶炼、加工、运输等）及生活活动遗存的器械、设备、工具、用具等，包括探坑（孔、井）采掘、供排水、装载工具、安全设施及生活用具等。

（5）矿业制品类：珍贵的矿产制品，如矿石、矿物工艺品等。

（6）与矿业活动有关的人文景观类：历史纪念建筑、石窟、矿政和商贸活动场所及其他地域特色鲜明的人文景观。

矿业制品类

截至目前，我国有 22 个煤矿类国家矿山公园，其中 10 个已开园。

煤矿类国家矿山公园

矿山公园名称	面积 / 平方千米	授予资格时间	开园时间
史家营国家矿山公园	58.5	2013.01	未开园
开滦国家矿山公园	1.15	2005.08	2009.09
晋华宫国家矿山公园	19.01	2005.08	2012.09
西山国家矿山公园	7.16	2010.05	未开园
扎赉诺尔国家矿山公园	4.5	2005.08	2008.08
准格尔国家矿山公园	16.91	2017.12	未开园
海州露天矿国家矿山公园	28	2005.08	2009.07
南票煤炭国家矿山公园	3.98	2017.12	未开园
辽源国家矿山公园	16.67	2010.05	未开园
鸡西恒山国家矿山公园	21	2005.08	2007.08
鹤岗国家矿山公园	6.7	2005.08	2009.08

矿山公园名称	面积/平方千米	授予资格时间	开园时间
淮北国家矿山公园	16	2005.08	2011.05
淮南大通国家矿山公园	22.2	2010.05	未开园
安源国家矿山公园	26.3	2010.05	2015.09
中兴煤矿国家矿山公园	21.3	2010.05	未开园
焦作缝山国家矿山公园	11.67	2010.05	未开园
广东韶关芙蓉山国家矿山公园	21.7	2005.08	2010.06
广西合山国家矿山公园	18.3	2010.05	未开园
重庆江合煤矿国家矿山公园	1.81	2010.05	未开园
重庆万盛国家矿山公园	6.38	2017.12	未开园
嘉阳国家矿山公园	38	2010.05	2011.09
石嘴山国家矿山公园	52.1	2010.05	未开园

"化蝶"：美丽亮相

　　开滦国家矿山公园是由原国土资源部于 2005 年批准建设的全国首批国家矿山公园之一。开滦国家矿山公园于 2007 年底筹建，2008 年 10 月建成预展，2009 年 9 月对社会开放。整个景区分为三大园区，由 " 龙号机车游览线 " 串联组成。一是在唐山矿 A 区建设 "中国北方近代工业博览园"；二是在原唐山矿储煤场旧址建成 "老唐山风情小镇"，两大景区由矿用自备铁路连接，形成一个完整的旅游园区；三是将唐山矿 B 区工业场区，打造成一个集现代化煤矿工业生产、工业旅游观光于一体的大型工业园区，集中体现现代矿山工业的生态、环保、节能的理念，成为我国现代化矿山工业园区和循环经济的示范园。

开滦国家矿山公园

　　晋华宫国家矿山公园于 2005 年由原国土资源部审批通过，成为我国首批国家矿山公园之一。2012 年 9 月 7 日成功建成晋华宫国家矿山公园，总面积 19.01 万平方米，拥有煤炭博物馆、工业遗址参观区、仰佛台、晋阳潭、石头村、井下探秘游、棚户区遗址区七大景区，是一座集旅游观光、煤炭科普教育、工业忆旧、探险体验、休闲度假、环境保护于一体的大型现代工业文化景观旅游公园。

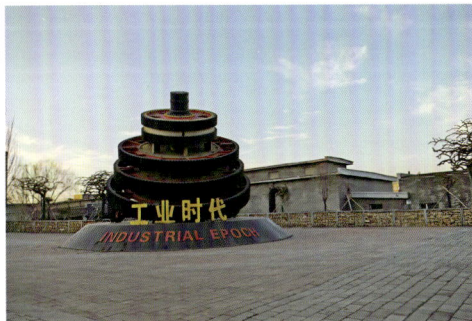

晋华宫国家矿山公园

　　扎赉诺尔煤炭资源丰富，褐煤储量达 101 亿吨，是中国煤炭资源较丰富且开发较早的地区之一。为了保护和利用矿区特有的矿业遗迹资源，扎赉诺尔国家矿山公园是中国首批建设的国家矿山公园之一，矿山公园分为露天观景广场和矿山博物馆两个景区，是集科考研究、科普教育、观光览胜、文化娱乐、休闲度假于一体的综合性园区。

扎赉诺尔国家矿山公园

辽宁阜新海州露天矿曾是"一五"时期全国 156 项重点建设工程之一。停采后，其自身长 4 千米、宽 2 千米、垂深 350 米、负海拔 175 米的世界上最大人工废弃矿坑，会令人产生巨大的视觉震撼和心灵震撼。海州露天矿国家矿山公园总占地 28 平方千米，分为世界工业遗产核心区、蒸汽机车博物馆和观光线、国际矿山旅游特区和国家矿山体育公园四大板块上百个景点，是在露天采矿遗址上建设的世界工业遗产旅游项目，是集旅游、考察、科普于一体的工业遗产旅游资源，也是全国第一个资源枯竭型城市转型试点的新亮点。

海州露天矿国家矿山公园

鹤岗国家矿山公园占地 666 公顷，主景区突出矿业遗迹展示，岭北矿北露坑遗址坑边坡完整，地质结构、岩石层和煤层分布清晰。特别是千米长地质大剖面，将 1.4 亿年前至今的地质遗迹，包括地层构造、矿床产状、煤层、褶皱与断层直观地展现在了游客面前。

鹤岗国家矿山公园

鸡西恒山国家矿山公园位于鸡西市恒山区太平岭北麓黄泥河畔，始建于 2000 年，占地面积 21 平方千米。这里曾是鸡西矿务局的一个大型煤矿，矿井废弃后，井口进水越来越多，就变成了今天的红旗湖。这里山青水绿，风景秀丽，以矿业遗址景观为主题，规划建设的主要景区有红旗湖游览区、小恒山地宫探奇景区、大恒山煤矿遗址景区、山南万亩林景区、火烧山等。

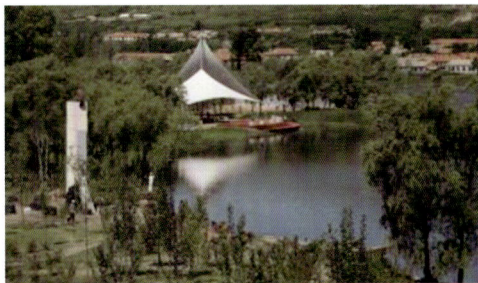

鸡西恒山国家矿山公园

淮北国家矿山公园总面积约 16 平方千米，以南湖公园为核心，规划成相城煤文化区、相山地质遗迹区、南湖采矿塌陷的娱乐区三大景区，各景区又细分为 40 多处表现不同底蕴的矿业文化景点，以奇、秀、古为特色，其中相城煤矿井下旅游探险和相山古物化石遗迹最引人注目。

淮北国家矿山公园

广东韶关芙蓉山蕴藏着丰富的矿物资源，曾经有过辉煌的煤矿和石灰岩矿开采历史，广东韶关芙蓉山国家矿山公园总面积 21.7 平方千米，整体规划为"一横两纵、四区十园"，集地质灾害治理、生态环境保护、传承矿业文化和休闲观光功能于一体。

广东韶关芙蓉山国家矿山公园

萍乡煤田是中国南方重要的大型含煤盆地和"安源群"的创名地，矿业遗迹与矿业文化景观丰富、珍稀，是中国近代工业文明的缩影，江西萍乡安源煤矿有着百年沧桑史，安源国家矿山公园于 2010 年 5 月被列入全国第二批国家矿山公园。

安源国家矿山公园

西山国家矿山公园位于太原白家庄矿及周边，面积 7.16 平方千米。西山国家矿山公园具有独特的历史遗迹和奇特的地质地貌，公园内规划有矿山遗迹保护、休闲游览、科教考察、开发与服务等多个功能区。

西山国家矿山公园

焦作缝山国家矿山公园位于焦作市区北部，是一座以展示煤矿开采遗迹景观为主体，以石灰岩采矿遗迹治理、地面塌陷遗迹治理等环境更新、生态恢复手段展示为核心，是融合古代瓷窑遗址、现代影视城等人文景观于一体的综合性矿山公园。

焦作缝山国家矿山公园

中兴煤矿国家矿山公园在充分保护矿业遗迹，维护生态环境的基础上，合理开发利用人文资源开展工业旅游和生态旅游。同时以中兴煤矿博物馆为中心，以爱国主义教育基地为导入点，建成一座集学术研究、科研考古、生态园林、休闲娱乐于一体的大型矿山地质公园。

中兴煤矿国家矿山公园

石嘴山矿区是国家"一五"期间布局的重要煤炭生产基地，也是国家重点建设的第一批工业基地。本着先进行环境恢复治理，再结合矿业活动发展、矿山历史文化进行开发利用，石嘴山国家矿山公园主要以惠农采煤沉陷区矿山地质环境治理为依托，以矿山开采遗留的矿山地质遗迹、矿业开采活动遗迹为核心，规划为"一园两景区"，园区总面积 52.1 平方千米。

石嘴山国家矿山公园

大通煤矿是淮南煤矿的发源地，1903 年正式建矿开采，因资源枯竭于 20 世纪 70 年代末关闭，留下了井口、井架、煤矸石堆等矿业活动遗址。通过对报废老矿塌陷区的生态环境修复，使"城市荒地"恢复自然，建成淮南大通国家矿山公园，公园占地 22.2 平方千米，分为矿业遗迹保护区、爱国主义教育园区、生态修复区和煤矿博物馆四大园区。

淮南大通国家矿山公园

　　广西合山市以盛产煤炭被誉为广西"煤都"。自 1905 年开始，煤炭开采至今已有百余年历史，留下了丰富的矿业遗迹。这些矿业遗迹具有丰富的历史文化内涵，是不可再生的宝贵资源，它们和周围的自然、人文环境融合在一起，构成了煤矿特有的人文历史景观和自然生态景观。广西合山国家矿山公园的建立将使这些珍贵的矿业遗迹资源得到有效保护。广西合山国家矿山公园将被打造成一个以融百年矿业遗迹景观为主题，体现矿业发展历史内涵，具备研究价值和教育功能，集历史、矿业、生态、地质、科普、旅游、休闲于一体的全新工业旅游平台。

广西合山国家矿山公园

辽源自1911年就开采煤炭资源，积淀了丰厚的矿业遗迹和人文历史。辽源国家矿山公园是以展示人类矿业遗迹景观为主体，体现矿业发展历史内涵，具备研究价值和教育功能，可为人们提供游览参观、科学考察与科学知识普及的特定空间地带。

辽源国家矿山公园

江合煤矿的矿业遗迹是我国西南山地煤矿开采活动的见证，具有研究价值和教育功能，重庆江合煤矿国家矿山公园在创立于清末民初的江合煤矿基础上，将生态破坏最为严重的废弃矿山变废为宝，实现人与自然的和谐发展。

重庆江合煤矿国家矿山公园

嘉阳国家矿山公园是国内薄煤层开采遗迹最丰厚、保存最完整、旅游配套设施最齐备的国家矿山公园。园区内现存明朝以来诸多矿业遗迹，从不同侧面折射、延续着社会的嬗变，给人以穿越时空的强烈体验，是集旅游观光、休闲体验、科学研究、科普教育、科技展示和职业教育以及健康居住为一体的综合性园区。

嘉阳国家矿山公园

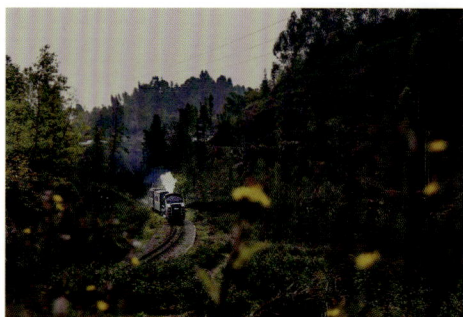

史家营国家矿山公园曾为煤矿矿区，自 2010 年 5 月煤炭生产全部退出后，利用丰厚的矿业遗迹，改造升级传统产业，大力实施环境更新、生态恢复工程。公园项目规划总面积为 58.5 平方千米，主要建设内容包括新兴枣园煤矿主园区、矿山修复观光区、博物馆、井下时空隧道、采煤工艺体验区、星级酒店、生态修复及相应的旅游产品等。

史家营国家矿山公园

准格尔国家矿山公园规划区域位于准能集团露天矿排土场内，分南区和北区两个园区，总面积达 16.91 平方千米。准能集团针对生产过程中形成的大量矿产遗迹、遗址，用园林化、现代化、科学化等手段，在功能上加以完善，最终实现矿山遗迹与园林景观的有机融合，现代工业和现代农牧业的协调发展，矿业开发和环境整治的示范引领，休闲旅游与科普教育的有机结合，将准格尔矿区建设成为国内一流的国家矿山公园，形成一方矿山文化阵地。

准格尔国家矿山公园

重庆万盛的煤炭产量曾一度占到原四川省的 1/4、重庆市的 1/2，担当着西南地区工业发展的重要保障。万盛将从昔日的煤都变为旅游胜地，重庆万盛国家矿山公园将建成为一个以生态环境治理为基础，将矿业遗迹展示与主题游乐相结合的国家级煤矿主题公园。

重庆万盛国家矿山公园

辽宁南票区位于葫芦岛市西北部，矿产资源丰富，开采历史悠久，南票煤炭国家矿山公园最大的特色是集中展现了矿山的采矿历史和文化底蕴，是工业旅游景观的代表。景点有壮观的露天采场、矿业博览、井下探幽等。

南票煤炭国家矿山公园

第十四章

青海木里矿区
巧变形

知识小贴士

祁连山位于甘、青两省交界处,自然生态系统多样,野生生物资源丰富,是石羊河、黑河、疏勒河三大内陆河的重要水源涵养地,是中国森林生态系统优先保护区和生态服务功能区,也是西北地区重要生态安全屏障。祁连山是一个巨大而完整的生态系统。祁连山顶积雪,山腰多冰川大坂,被誉为"冰源水库"。古人高呼"失我祁连山,使我嫁妇无颜色",现代人说:祁连山冰雪融水是河西走廊的生命之源。如果祁连山冰雪消退,千里河西走廊将变成沙漠。

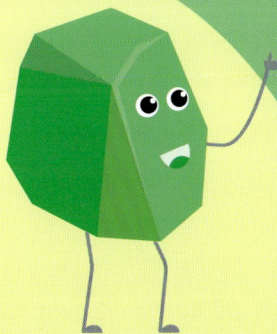

祁连山

生态安全屏障的木里矿区

青海省木里煤田位于青海省海西州天峻县及海北州刚察县境内，东西长 50 千米，南北宽 8 千米，总面积约 400 平方千米。整个木里矿区由江仓区、聚乎更区、弧山区、哆嗦贡马区四个区组成，面积总计 152.70 平方千米。木里矿区是青海省唯一的焦煤资源整装勘查区域，矿区总体规划范围内现有资源储量 35.4 亿吨，是青海省最大的煤矿区，其煤炭资源储量占全省总资源储量的 8%。矿区划分 8 个井田、6 个勘查区，建设规模为 810 万吨每年。

木里矿区地处黄河重要支流大通河的发源地，是祁连山区域水源涵养地和生态安全屏障的重要组成部分，生态地位极为重要。祁连县有"天境"的美誉，这里是中国第二大内陆河黑河的源头、河西走廊最重要的水源地，是祁连山国家公园体制试点建设关键地区，具有不可替代的生态地位和生态功能。同时矿区地处高原高寒草原沼泽湿地地区，属于青藏高原典型的生态脆弱区，区内多分布大片冻土和高寒草甸等湿地植被，区域生态敏感脆弱，一旦遭破坏，就难以恢复。

习近平总书记高度重视祁连山生态破坏和木里矿区生态环境综合整治问题，自 2016 年到青海考察，专门谈到了木里矿区问题。在此前后又多次作出重要批示，要求"抓紧解决突出问题，抓好环境违法整治，推进祁连山环境保护与修复"，[①] 着重强调加强生态环境保护。青海省政府坚持"绿水青山就是金山银山"的理念，紧扣"青海最大的价值在于生态，最大的责任在于生态，最大的潜力也在于生态"的定位，就木里煤田的生态环境恢复治理工作进行了科学决策部署。

祁连山被誉为"冰源水库"

---

①　瞭望、治国理政纪事｜祁连山"底色之变". 新华社客户端.2021-09-14 16:02.

过去由于煤炭资源非法开采，剥离物料随意堆放，木里矿区高山草甸、冻土层和湿地被破坏，原有水系更改，生态破坏严重，加剧了滑坡等地质灾害的发生。

对此，中国煤炭科工集团有限公司（以下简称中国煤科）提出了"渣山削坡整形、采坑回填缓坡、岩壁修整、土壤筛分及改良、30厘米土层覆盖、乡土植物混播"的综合治理方案。2021年9月，由中国煤科承揽的木里江仓一号井综合整治项目通过青海省省级验收，打造出高原高寒地区矿山生态修复的样板工程。

2021年，中国煤科继续贯彻习近平生态文明思想，践行"绿水青山就是金山银山"理念，深入开展采煤沉陷区综合治理项目，大力推进示范工程和产业化，做强做优做大生态修复产业，打造世界一流的矿山生态治理技术工程板块，提升中国煤科沉陷区治理的核心竞争力，为推动生态文明建设贡献智慧和力量。作为矿山生态修复治理国家队的中国煤科，积极参与青海木里矿区生态环境恢复治理工作，充分发挥中央企业的社会责任和企业担当。在青海省木里矿区，中国煤科承担了江仓一号井及江仓二号井采坑、渣山一体化治理工程等项目。"两月见型打基础、当年建制强保障、两年见绿出形象、三年见效成公园。"

经过前后不到一年的治理，当地生态破坏区域有了翻天覆地的变化。2021年7月的监测数据显示，种草作业面坡地每平方米出苗达1000株以上，平地每平方米出苗达1500株以上，出苗均匀，长势良好，均全面达到设计要求。种草复绿取得阶段性成效，实现了"两年见绿出形象"的目标。2021年初冬，再次走进木里矿区江仓一号井，附在矿坑边坡和坑底地表的披碱草、早熟禾随风摇摆。极目远眺，原本绿色的防尘网逐渐被长出的牧草替代，矿区日渐恢复原始的面貌。

治理前现场实景

治理后现场实景

如今，木里矿区复绿区域已进入更加重要的后期保育管护、持续巩固提升复绿关键期。青海将不断总结高原高寒高海拔木里矿区生态修复经验，补齐短板、迎接挑战，管护好、利用好生态环境，努力让木里矿区早日恢复草种得出、水涵养得住的面貌。

中国煤科承担的青海木里矿区江仓一号井生态治理工程

中国煤田地质总局再现青海木里「绿水青山」

2021 年 6 月 30 日，中国煤田地质总局实施的青海木里地区生态环境治理项目经过两个月攻坚克难、拼搏奋斗的兵团式作战，通过精心设计、精心组织、精心管理、精心施工，按时保质圆满完成了设计批复的覆土复绿，种草面积共计 19785 亩。圆满完成了 2021 年度第二阶段种草复绿工程任务。提前一年实现了"两年见绿出形象"的目标，打造了高原高寒地区矿山生态环境修复示范工程，创造了高原高寒地区生态环境治理的奇迹，更好地保护了地球第三极生态。

中国煤田地质总局承担的木里地区生态环境治理项目种草复绿工程

第十五章

矿打造未来矿山与社会协调发展样板

知识小贴士

深部原位流态化开采是深地科学研究的重要内容，是国家能源开发未来科技发展的战略储备技术。深部煤炭原位流态化开采颠覆了传统煤炭开采理念和技术体系，开辟了新的采矿工业模式，突破了煤炭资源开采深度的限制，极大提升了人类获取深部矿产资源的能力，可实现"地上无煤、井下无人"的绿色环保、安全高效的煤炭资源开发目标。

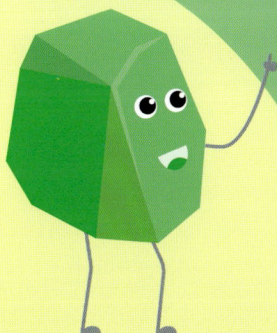

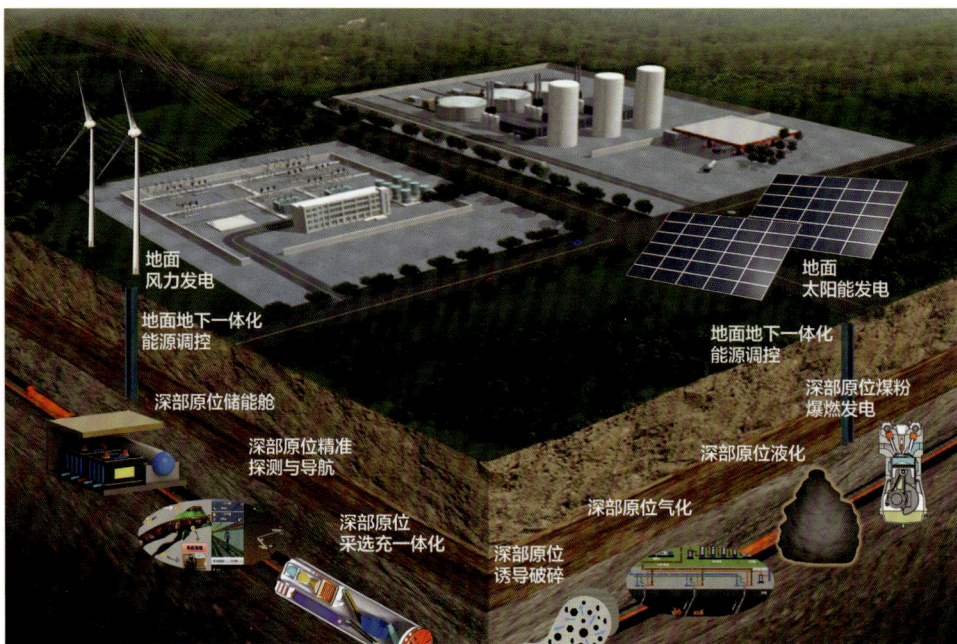

煤炭深部原位流态化开采与多元智能型清洁能源基地示意图
（谢和平院士：深地煤炭资源流态化开采的颠覆性理论与技术构想）

科技助力未来
采矿新模式

　　2021 年 9 月 13 日，习近平主席在陕西榆林考察时强调："榆林是国家重要能源基地，为国家经济社会发展做出了重要贡献。煤炭作为我国主体能源，要按照绿色低碳的发展方向，对标实现碳达峰、碳中和目标任务，立足国情、控制总量、兜住底线，有序减量替代，推进煤炭消费转型升级。煤化工产业潜力巨大、大有前途，要提高煤炭作为化工原料的综合利用效能，促进煤化工产业高端化、多元化、低碳化发展，把加强科技创新作为最紧迫任务，加快关键核心技术攻关，积极发展煤基特种燃料、煤基生物可降解材料等。"[①]

---

　　① 习近平在陕西榆林考察时强调解放思想 改革创新 再接再厉 谱写陕西高质量发展新篇章 . 央广网 . 2021-09-16.13:01.

煤炭在一次能源消费中的比例会有所降低，但煤炭依然是国家能源安全的"压舱石"。未来采矿向绿色、低碳、智能化及清洁高效利用方向发展。深入践行"绿水青山就是金山银山"理念，把资源开发同生态修复与治理统筹起来将矿山生态修复与矿业绿色发展融入山水林田湖草沙生态系统，推动矿山生态修复生命、生产、生活、生态融合。

科技创新的加速推进，大数据、互联网、遥感探测等新技术与矿业交叉融合，数字化、智能化技术和装备研发应用，使矿业发展新动能日益强劲，煤炭智能化技术不断快速发展，为绿色矿山建设提供了技术基础。煤炭行业建成了一批开采方式科学化、资源利用高效化、企业管理规范化、生产工艺环保化、矿山环境生态化的先进典型。

无人驾驶技术高速发展，无人采矿新技术、新工艺及新模式不断应用。新一代新能源智能化无人采矿装备不断涌现。污染物排放严重的传统燃油装备将逐渐被淘汰，采矿装备的电动化将成为未来发展的主流方向。随着 5G 通信、物联网和无人驾驶技术的逐渐成熟，逐步实现新能源纯电动采矿装备的线控化、智能化、无人化，应是下一代新能源智能化无人采矿装备发展的主要趋势。

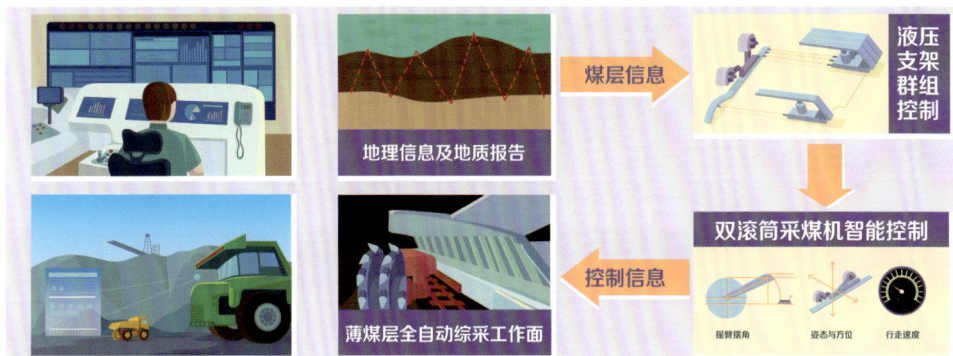

科技创新助力绿色矿山建设

绿色矿山

随着远程遥控和无人驾驶技术的逐渐成熟，无人机高清地形建模、遥控铲运机及钻机 5G 远程遥控、无人驾驶卡车集群控制等技术不断得到应用，传统的采矿方法、采矿设计及工艺等已无法满足智能装备在井下或露天进行作业的实际要求。

以市场为导向，探索研究、推广应用绿色创新技术，逐步推进减排和增绿"双轮驱动"工程，提前研究光伏 + 碳汇 + 化工 +CCUS 的煤炭采空区、沉陷区生态循环经济体系。根据国家政策逐步降低企业碳排放强度，实现温室气体减排。积极构建企业清洁生产体系，创建绿色示范企业，从源头减少二氧化碳和甲烷排放量，提高末端排放的资源化利用率。

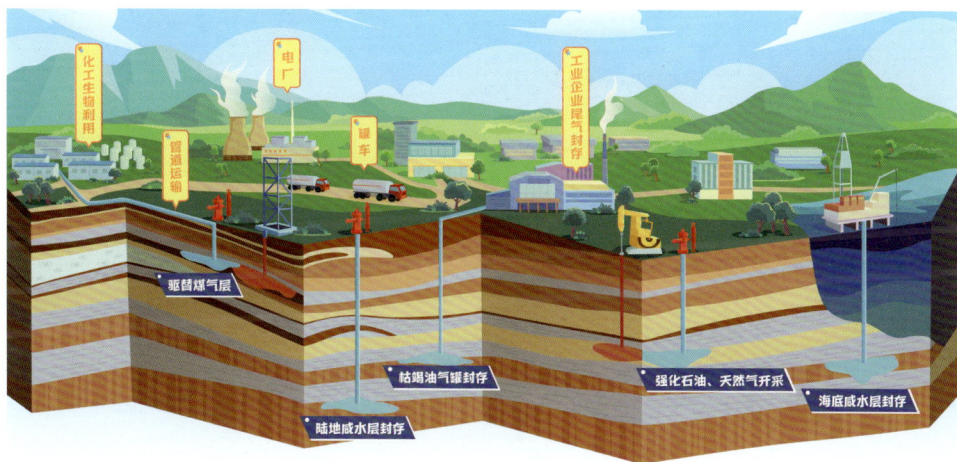

光伏 + 碳汇 + 化工 +CCUS 的沉陷区生态循环经济体系

红柳林煤矿构建智慧园区

红柳林煤矿通过建设智慧园区系统、智能作业管理系统、设备全生命周期系统和安全信息共享平台，实现对园区与生产经营的智能化管理。通过大数据、物联网等新信息与通信技术赋能园区打造智能安防、智能车辆管理、智能门禁闸机管理、智能信息发布及个人移动终端管理系统，完成智慧化转型。自2021年建成以来，智慧园区大幅提升了红柳林煤矿职工对园区的归属感，给职工的衣食住行带来全方位的变革。

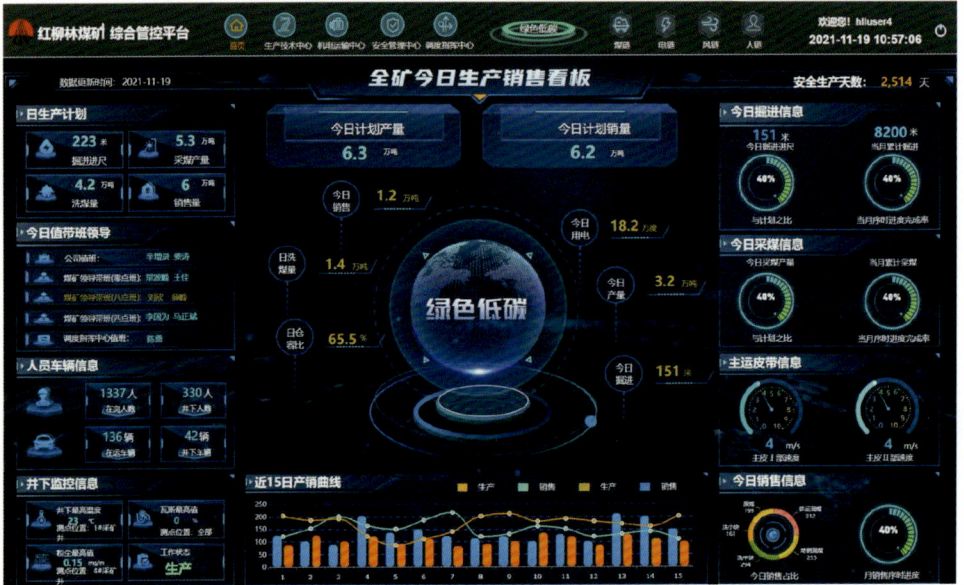

智能管控平台

智能作业管理系统

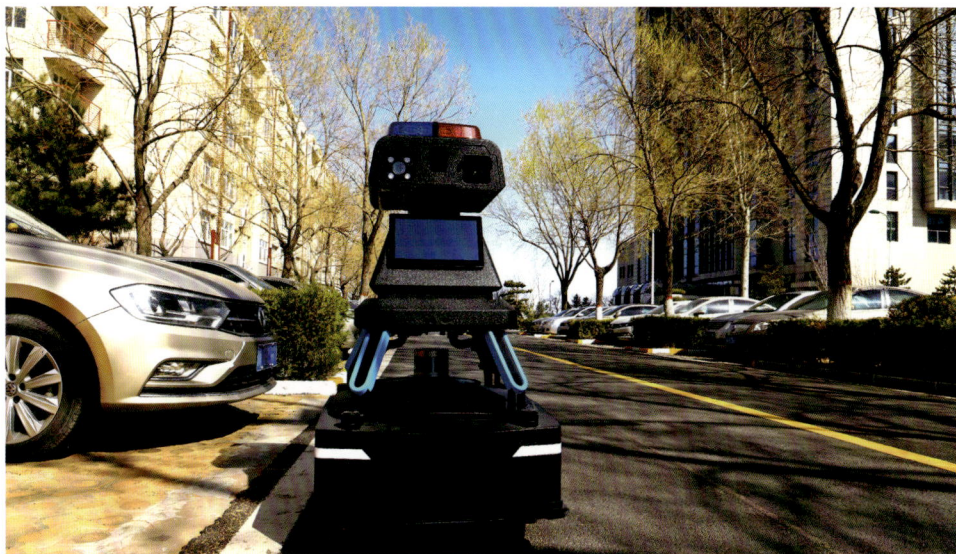

智慧园区安保机器人巡检

红柳林煤矿构建未来采矿新模式

红柳林煤矿吸纳最新智能化建设理念应用到红柳林智能化矿井建设中，致力于将公司打造成"行业第一，世界一流"的智能化煤矿企业。

红柳林煤矿全景

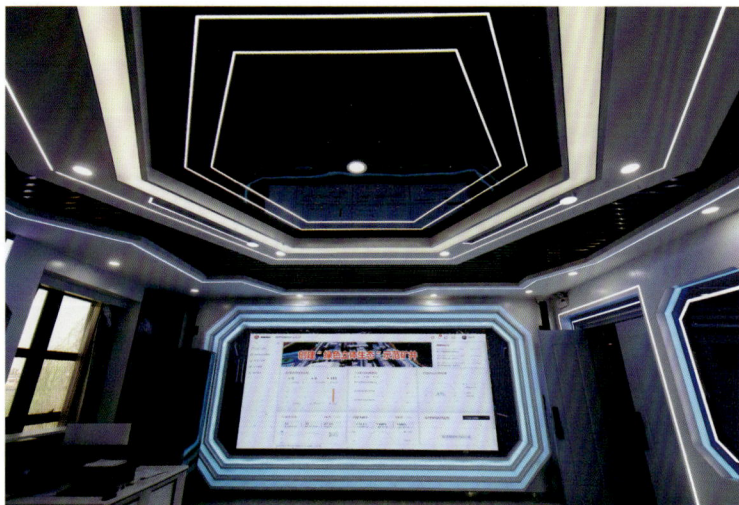

数字化作业云服务

地质保障系统：地质保障系统重点从基础数据管理、地质条件评价和水害预警、二三维建模、云平台部署、工作面精细建模和灾害预警等多维度进行研发和展示，为矿井采掘系统智能化和灾害防治智能化提供全方位保障。

掘进系统：掘进系统在 5^{-2} 煤回风大巷实现了掘锚一体机的自主定位、定姿和定向功能，能够实现远程遥控截割、行走，具有偏航提醒和报警等功能。建有井下掘进系统集中控制中心和地面集中控制中心，掘进头和各转载点设置有高清摄像仪，能够对掘进头及转载点生产环境进行准确识别，集中控制中心能够实现巷道掘进工作面采掘、支护、运输等成套设备的"一键启停"和多机协同控制。快掘系统的应用，实现了人工干预式的自动割煤，实现了工作面环境监测的智能语音报警，较之前增加了移动设备人员接近预警系统，保障了移动设备生产区域的作业安全。太空舱集控中心的使用，实现了工作面所有设备的远程遥控作业功能，一定程度上实现了整套快掘设备的协同作业，推动了掘进系统智能化水平发展。

采煤系统：红柳林煤矿先后建成了厚煤层、中厚煤层等12个智能化综采工作面，保持自动化率97%以上常态化运行。在此基础上依托5G、云计算、地质透明化、大数据分析、设备姿态增强感知、视频AI算法识别、惯性导航空间定位、激光雷达测距等技术的应用，实现了采煤机规划截割、智能调高、液压支架防碰撞检测、直线度调直等功能。同时实现了周期来压

智能综合管控平台

预警、安全姿态感知、人员精准定位及危险区域禁入识别报警等功能。真正达到了"少人则安，减人增效"的效果。

主煤流运输系统：主煤流运输系统分为智能视频识别系统、智能化轨道机器人、机电设备光感在线监测预警系统、智能除铁系统、智能煤流平衡控制。

智能视频识别系统：利用摄像机以及机电传感器等物联感

知设备，接入皮带运输系统及综采工作面系统视频数据，基于机器视觉算法模型对数据进行应用分析，将采煤机、液压支架、刮板输送机、皮带机等设备运行状态、设备集控人员、人员作业状态进行有效结合。

智能化轨道机器人：智能轨道机器人能够实时采集现场的图像、声音、红外热像及温度数据、烟雾、多种气体浓度等参数，具有智能识别功能。

机电设备光感在线监测预警系统：能够对胶带机电机、减速机、滚筒等关键部位的温度及设备振动进行监测，根据设定值，出现异常时发出声、光报警并发送精准定位，提醒检修人员及时检修，提高检修效率，降低检修和管理成本。

智能除铁系统：除铁器＋金属探测仪可对煤流中的铁件自动识别，发现铁件时可实时与生产设备进行预警、联动、闭锁、停机，降低铁件对主运输系统危害的风险。

智能煤流平衡控制功能：采用更先进的技术手段对主煤流运输皮带的煤量状态进行智能识别与检测。利用先进的传感器配合自动化平台，实现煤流运输系统远程集中控制、煤量检测、智能调速、平衡各个采面生产能力等功能。

辅助运输系统：辅助运输系统通过全方位覆盖车辆运营管理各个环节，把车辆、人员及服务全部囊括在车辆的生命周期内，为车辆及人员管理等提供数字化手段，实现运营价值最大化，提高车辆使用率。运用物联网、云计算、大数据等核心技术，实现智能调配申请车辆、车辆维检修数据共享，智能车载终端基于 4G/5G/WiFi 网络实现采集数据上传等，构建一套高效、智能、经济的辅助运输系统。

智慧通风与压风系统：智慧通风与压风系统通过对矿井通风网络的等效简化，优化矿井传感器和调控设施布置方案，利用气压、风速、温湿度传感器以及矿井通风系统状态模拟软件，实现巷道风阻、自然风压、设施状态及环境的全面在线感知。

通过矿井环境参数预测和安全规程的环境参数指标要求，利用需风量预测功能，实现各用风点需风量的超前计算。根据矿井通风系统状态和用风点需风量预测结果，利用软件计算包括调节设施和智能动力装备的全局最优调节方案，并发布调控命令，实现矿井通风系统远程调控。

供电与排水系统：供电与排水系统对地面 110 千伏变电站及其所带地面、井下各 10 千伏配电室、变电所集中电力监控，实时运行数据经加工处理后，以文字、图形、报表、趋势曲线、棒图、饼图等多种形式展现。

供电电网系统的故障定位，实时将各配电室、变电所异常及故障信息以语音及画面形式通知运行人员及时处理。110 千伏变电站安装了智能巡检机器人系统，并实现常态化运行作业。智能巡检机器人以自主方式，在无人值守的环境中，完成对变

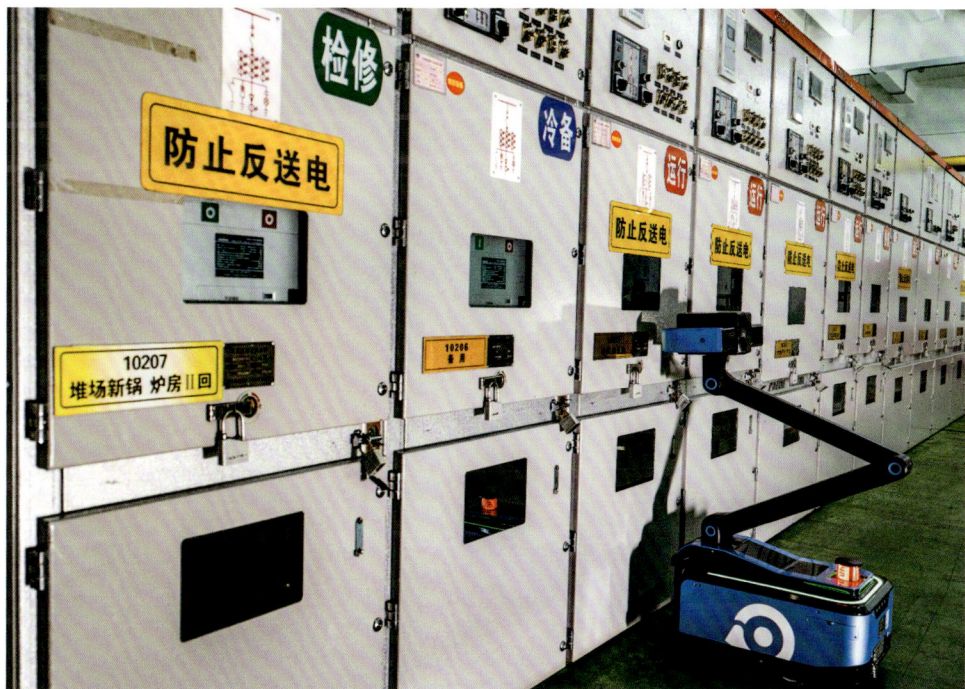

变电所智能巡检机器人

电所室内环境（如开关室、保护室等）、室内设备智能化实时监控的任务，替代人工巡检中遇到的繁、难、险和重复性的工作。

智能供排水系统实现了排水系统中央排水泵房、清水排水泵房、二盘区排水泵房集中控制，并且泵房与水文系统数据实现联动控制。同时在供水系统实现井下 915 米处水仓及 100 立方米水仓供水站、南翼及新增压泵房集中控制。并且具备井下压风及供水管网生产数据实时监测功能。

安全监控系统：云平台灾害防治系统根据全矿井安全监控系统与智能巡检系统瓦斯监测点布置情况，采集与瓦斯超限致灾因素相关的数据，集成预警数据中心，通过算法开发与模型嵌入实现瓦斯超限预警功能。基于一张图实现预警结果实时发布、报表生成以及历史预警结果的便捷查询。

矿山智慧小镇建设画卷

红柳林煤矿智慧小镇示范工程创意设计按照"一中心、一体系、两平台"（智慧小镇智慧管理中心、智慧小镇支撑体系、

智慧小镇总体架构

智慧小镇管理平台、智慧小镇服务平台）规划智慧小镇管理和服务平台体系，并对"一中心""一体系""两平台"进行应用集成、界面集成，融合小镇"五园"（党园、安园、家园、生态园、廉政园）的建设理念，实现智慧小镇和城市社会资源共享与无缝链接，进而实现小镇管理与服务智能化。

总体架构：依据"矿区与社会三位（经济—社会—人文）一体协调发展机制"，依次推进"双碳"目标下智慧矿区支撑体系建设—智慧矿区智慧管理及服务平台建设—智慧矿区智能化创新应用创意设计三个层次的深化与落地。

智慧管理中心：结合矿区周边产业基础、产业结构、小镇与矿区的共生关系，构建以人为本的"矿区—人—社会"三位一体协调发展模式，分析经济协调、保障一致、安全联动、管控一体下的不平衡、不充分发展影响因素和影响规律，建立以长期可持续发展和更多幸福获得感为目标的矿区与社会协调发展机制。

智慧小镇支撑体系：统筹推进适应小镇整体发展的新一代信息基础设施体系、标准规范体系和网络安全体系建设研究，建立以全要素感知为基础、新一代信息技术为纽带、新能源技术融合为支撑、智能化系统为保障和经济发展、生态和谐、人民幸福为目标的智慧小镇支撑体系。

智慧小镇智慧管理平台：综合规划互联网、物联网、云计算、大数据、人工智能等新技术，宏观上构建产业园区、社区、城区互动联动的统一管理平台，微观上打造联通小镇内各部门、各单位间的应用管理平台，形成集产业运行监测、用地管理、环境监测、能耗管理、安全监管、社区管理、应急指挥、协同办公等功能于一体的智慧小镇管理平台，全面提升小镇运行效率，推进小镇向数字化、网络化、智能化方向发展，构建矿区与社会协调发展的管理基础。

研究设计内容主要包含具备展示能力的大型综合性智慧

管理平台，展示小镇管理服务建设与小镇企业及社区发展风貌"五园"的展示长廊，以及小镇产业园区各项经济运行数据的展示区域，主要提供小镇内各项业务综合显示的空间承载区。

智慧小镇服务平台：构建高度融合的社会服务体系是智慧小镇的核心，智慧小镇服务平台创意设计研究，主要包括园区之窗、政务服务、党建服务、民生公共服务、智能应用共享内容规划设计。通过整合政府和社会多方服务资源、通过平台发挥服务机构的集聚效应，构建统一的在线服务入口、立体化服务渠道，实现民生需求与社会资源的连接，实现线上与线下服务闭环，实现对外服务与内部管理的一线贯通，以构建矿区与社会协调发展的产业链、服务链、生活链为主线，实现小镇智慧服务，提升小镇服务水平。

科普馆

廉政园

党建园

安全园

幸福家园

打造『绿色立体生态』示范矿井

红柳林煤矿积极践行绿色生态发展，把"两山"理念、"双碳"目标融入绿色开采、生态建设之中，以公司"931"高质量发展战略目标为引领，即"打造一个智能协同、井下空气质量革命、绿色立体生态修复示范矿井"，重塑矿区、井田生态环境，探索生态优先、绿色发展的新路子，亮出煤炭行业绿色低碳发展的"红柳林名片"。

在生态修复治理方面，坚持资源开发与环境保护相协调，对采空区进行立体式生态恢复治理，全力打造"生态＋科普＋休闲＋旅游多元化"的生态优先绿色发展示范区。

在矿区皮带走廊南侧选取 300 亩沉陷区，建设立体生态修复示范园，打造集煤炭科普、生态大棚、疏林草地、雨水花园于一体的多重生态区。园区因山就势、因地制宜，集煤炭科普馆、万亩草原、数字碳谷项目等于一体，以绿色生态种植、高山草甸绿植为依托，融入生态演变、科普旅游、现代农业科技、红柳文化等元素。其中，煤炭科普馆立足行业特色，搭建科普教育平台，建成后将对煤炭文化、煤炭历史、智能开采等进行集中展示，成为集学习、交流、实地体验于一体的煤炭工业文化教学实训基地和工业文旅品牌，唤起青少年对煤炭工业精神和矿工地位的认同感。

红柳林绿色生态文化园区

园内生态大棚的构建不仅满足矿区日常需求也可以在生产旺季举行采摘活动，增加社会效益与经济效益，同时满足城市人群回归田野，体验收获的乐趣。园内植物选择既有成活较高的乡土花卉乔灌木等，也有经济价值高、观赏性好的外来物种，为后期沉陷区治理植物选择做研究。园内自然花海，以丰富的地形变化与不同种类的花卉景观延长了花期，凸显示范园的观赏性的同时也为"万亩草原"的实施打造积累了经验。矿内外新增绿化面积240亩，地被类植物360亩，乔、灌木9000余株，绿化率提升至45.5%，矿区绿化率同比提高22.4%。实现了"四季有绿，三季有花，一步一景"，绿色立体生态示范矿井建设初具规模。

　　雨水花园则通过生态草沟、透水材料、水系等措施，对场地内的水资源渗透、净化、收集。并用积蓄的雨水浇灌精心栽培的花卉和植被，这种创新的做法不仅实现了节水的目标，还创造出一个清新宜人的生态环境。

立体生态修复示范园

雨水花园

　　休闲广场是人们放松身心的理想场所，该场所提供舒适的座椅、草坪以及休闲设施，日后还将举办丰富多彩的户外活动、文艺表演等，为员工和游客提供一个互动交流的空间。

休闲广场

　　跌水瀑布作为公园的一大亮点，通过巧妙地利用地形和水势，将水流引导形成各种曲线和层次，营造了起伏跌宕的瀑布景观。

跌水瀑布

在生态科技创新方面，加强生态环境、节能减排和综合利用领域的科技创新，积极推行煤矸石外运制砖、采空区浆体充填、沉陷区生态补水等项目，积极推动植物固碳和采空区 CO_2 吸储关键技术研究；加快推进"万亩"草原一期建设，推进灌溉工程实施，积极提高矿井疏干水综合利用，以实现资源的合理开发和高效利用，构建可持续发展的绿色生态新格局。

无人机航拍绿色生态区